职场思维系

朴民玉

第一课 职场 我的

著

中华工商联合出版社

图书在版编目（CIP）数据

我的职场第一课／朴民玉著.—北京：中华工商
联合出版社，2020.9
ISBN 978 - 7 - 5158 - 2778 - 0

Ⅰ.①我…　Ⅱ.①朴…　Ⅲ.①成功心理 - 通俗读物
Ⅳ.①B848. 4 - 49

中国版本图书馆 CIP 数据核字（2020）第 134327 号

我的职场第一课

作　　者：朴民玉
出 品 人：刘　刚
责任编辑：李　瑛　袁一鸣
封面设计：子　时
版式设计：北京东方视点数据技术有限公司
责任审读：李　征
责任印制：陈德松
出版发行：中华工商联合出版社有限责任公司
印　　刷：盛大（天津）印刷有限公司
版　　次：2020 年 9 月第 1 版
印　　次：2024 年 1 月第 3 次印刷
开　　本：710mm×1020mm　1/16
字　　数：200 千字
印　　张：16. 25
书　　号：ISBN 978 - 7 - 5158 - 2778 - 0
定　　价：68. 00 元

服务热线：010 - 58301130 - 0（前台）
销售热线：010 - 58302977（网店部）
　　　　　010 - 58302166（门店部）
　　　　　010 - 58302837（馆配部、新媒体部）
　　　　　010 - 58302813（团购部）
地址邮编：北京市西城区西环广场 A 座
　　　　　19 - 20 层，100044
http://www.chgslcbs.cn
投稿热线：010 - 58302907（总编室）
投稿邮箱：1621239583@qq.com

目录
Contents

第一章

这样的助理可是你想象的？

第二章

哪个才是助理角色

第三章

助理必须要有几把刷子

第四章

让助理变得不可或缺

第五章

是什么让小助理成功逆袭

后记

你本来就是后备人选

第一章
CHAPTER ONE

这样的助理可是你想象的？

我的职场初体验

➜ 助理：最理想的工作

"朴美玉小姐，你好。你已经被SD公司正式录取，任社长助理一职，请于3月10日到公司报到。"——这是在我面试通过后，SD公司的人事专员发给我的邮件内容。在我结束第一个翻译工作的两个月后，我的第二个工作终于确定了。

严格来说，之前的翻译工作并不算是一个正式工作，只是兼职做韩语翻译，其实就是自由职业。自由职业意味着每次老板都不一样，有时是书刊，有时是网站，有时是企业主管。自由职业最大的好处就是自由，但刚刚毕业就完全没人管的日子其实也没有想象中那么令人兴奋。收入不稳定，没有安全感，特别是对于我这种不善于自我管理、自我学习的人，会觉得没有目标，前途渺茫。

思来想去，我决定找个正式工作。

直到我下定决心后，才意识到这年头找工作确实很难。要么你有响当当的学历，要么你有响当当的特长。可是我的大学是一所说出来90%的人没听过的大学，我的专业是因为对其他选择都不感兴趣而采用排除法选择的专业——新闻传播。对于母语是朝鲜语的我来说，语文一直是当作一门课程来学的，学新闻大概是觉得比起商务英语、金融贸易之类的专业，这门课程离我的生活稍近一些，更何况，我的语文成绩一直不错。当我真正进入新闻专业后，才发现自己的成绩也仅仅是不错而已。

最后，我的"少数民族语言"竟成了我的核心竞争力。其实，我之所以能获得这个助理的工作，正是因为这一职位也要兼职做翻译。

不过，我的注意力完全集中在了"社长助理"这四个字上。助理，对于没有突出专业技能的我来说，真是个完美的工作。想象着影视剧里的那些专业而干练的助理形象，仿佛自己已经变身成了职场精英。

➔ 改变：从头到脚

韩国人对着装仪表是非常在乎的，在韩国的企业中，无论男女职员，如果你今天上班穿了和昨天一样的衣服，那么同事会认为你昨夜外宿，接着就会臆测你的品行不端、生活不检点等，远不是卫生问题那么简单。

所以，据后来韩国同事介绍说，韩国的女性职员百分之七十的工资用在购买化妆品和服饰上，可以说她们对外表的追求几近疯狂。而这在他们看来只是一种礼数，一种职业态度。

因为多少听过一些这方面的信息，再加上SD公司本来就是化妆品公司，在这方面一定会更讲究。所以第一天上班，我起得很早，精心挑选了最得体的衣服，画了细致的妆容。

却不想，刚到公司办公室，就被为我办理入职手续的HR专员从头到脚提出了全盘的新要求：

头发染回黑色，如果不是披肩直发，就要束起，不能凌乱飞扬。

永远不可以素颜出现在公司，而且从今天开始必须用本公司的化妆品。

如非特殊场合，衣服不需要套装白衬衫，但也不能太休闲。必须穿高跟鞋。

不管在多紧急的情况下，都不可以在办公室内跑动、喧哗。

......

HR专员一条一条地讲着，我则在大脑中紧张地复读、记忆，比上学时记校规还要认真。

➜ 助理工作手册

办理完入职手续，HR专员带我到社长办公室报到，她让我坐在办公室门口的一个座位上，告诉我从今以后那就是我的工作岗位。我的"前任"因家里发生重大事情紧急离职，所以，事实上没有人可以和我进行工作交接。能够帮助我的只有办公桌上的这台电脑和一堆文件夹。

唯一值得庆幸的是，"前任"在离职前做了一个"岗位文件整理"的文件夹，并且放在电脑桌面上，大概算是给匆忙接手的"后任"一些力所能及的帮助。

我打开文件夹，里面的内容分为两大类，一是关于社长的，二是关于公司的。社长栏里又细分为私人聚会目录、名片夹、兴趣爱好、高尔夫会员信息、预约种类、各种证明文书、业务类文档等，公司栏里有公司全员人事信息、各部门职能介绍、社内流程、报销业务等内容。除了这些还有一个名为"助理工作册"的文档，里面的内容如下：

1. 社长爱喝黑咖啡，并要放一块儿糖，夏天冰箱里最好多备一点绿茶，社长进办公室后就为他奉上。

2. 晚上若有聚会，第二天一定要为他准备一罐冰可乐，这是他独有的解酒方式。

3. 提醒重要节日，并提前选好礼物，供社长参考。

4. 电话响到第三声必须接听，并且确认对方身份后转接给社长。

5. 个人手机需要24小时开机，以便随叫随到。

6. 公司会议若没有特殊安排跟随社长，就在一旁做记录，会议结束后快速整理，将会议内容以邮件方式发送给社长。

7. 社长没有午饭安排时，需要询问是叫餐还是外出就餐，若外出就餐则需陪同，因为社长吃饭速度很快。

……

➡ 理想与现实的差距

午餐时间到了，通常新人第一天上班，部门内都会安排大家一起会餐。但由于我不属于任何部门，社长要亲自带我去吃饭，并且把各部门的部长全部叫上。餐厅定的五道口的一家韩国汤店，我特意用心记下了路线，想着日后这样的信息一定用得到。

就座后，我迅速给大家摆好碗筷，并为大家倒好冰水。大家按通常就餐的惯例点了自己的菜。在等菜期间，部长们问了我很多问题，我都微笑着一一作答。

用餐时我忽然想起"助理工作手册"中有一条说的是社长吃

饭的速度很快，通常在这种多人会餐的情况下，不要吃得太快，也不要吃得太慢，以速度适中为宜。但是今天是跟社长吃饭，估计在座的各位也会迎合社长的速度，所以我刻意加快了速度，结果烫得自己舌头生疼，脸也涨红了起来。

饭后，我到社长的办公室，跟他进行了一次正式的入职谈话。

跟许多一边追韩剧、一边喊着"长腿欧巴"的少女们一样，在接到SD公司的聘用通知时，我也小小地幻想了一下我的韩国社长是哪一款：是沧桑而体贴、充满中年男性魅力的"老男人"？还是英俊潇洒、富有青年男性魅力的"少壮派"？只可惜，两者都不是。

社长是个中年男人，中等个子，平头，细长的眼睛，嘴唇上薄下厚，看起来十分亲和。他穿着深色的西装，搭配着一条亮色的领带。

社长话不多，听完我的自我介绍，只是简单地说了一句："朴小姐，今天用餐时你太紧张了，做我的助理要胆子大些，气势强些。"

从社长办公室出来后，为了缓解一下刚刚的紧张情绪，也为了和同事联络一下感情，我跟HR的英姐吐槽说，韩剧里的社长不都是高大英俊、单身痴情的富二代吗？

英姐白了我一眼，说："高大英俊、单身痴情的富二代都去当演员了。"

我吐了吐舌头，正式领用了工牌和一些办公用品。回想起刚才社长的那句话，多少有些小失落，亏我还暗自庆幸自己在用餐期间表现得中规中矩，给社长及各位部长留下了一个好印象呢。我如此小心翼翼，不想在社长看来却显得太过紧张了，真是适得其反啊。

我们总是对新的开始充满憧憬和想象，所以在面对新工作时会显得亢奋和紧张。但事实上，这一天对于公司来说只是众多工作日中普通的一天，一切工作都在按部就班地进行，所以插队进入的"新人"要做的就是迅速跟上节奏，适应公司的环境。这只是你日后将要面对的无数个繁忙工作日中的一天而已，并没有多么特别。

 金牌助理手札

1. 上岗第一天总是会状况百出，要有足够的心理准备。

2. 交接工作时要用心，第一天已经是工作的开始。

3. 越想在"第一印象"上赢得高分，越容易紧张丢分。第一天只是以后无数工作日中的一天，要用平常心对待。

职场金牌定律第二条：

　　每个人都希望自己能遇到一位好老板，和善大度，还能从他身上学到各种经验，可现实往往并不那么完美。世界大了什么样的老板都有，严苛的、吝啬的、怪异的……总是抱怨生不逢『好老板』是弱者的心态，真正的强者是无论什么样的上司都能搞定。

每一位老板都是极品

→ 我的老板是极品

　　仓促上任，样样事务都要迅速理清，因此我的工作刚开始就忙得不可开交。一大堆韩国公司传过来的文件需要翻译，以及不断的电话、邮件、会议安排……重压之下，我竟然感冒了。

　　稀里哗啦的喷嚏和鼻涕很快就惊动了社长，他打电话问道："朴小姐，身体不舒服吗？"

　　"是的，社长，我感冒了。"

　　"严重吗？需不需要休息？"

　　老板的关怀瞬间感化了我，事实上，我应该识趣地回一句

"谢谢社长的关爱",然后就回家休息,但刚刚被感动到的我竟然破口而出:"没关系,我还能坚持。"更没有想到的是,社长不但没有坚持,反而接了一句:"那你今天的工作汇报可以通过电话或邮件给我。"

这是什么意思?禁止我出入社长办公室?因为我是个感冒病毒传染源?难道社长并不是关心下属的健康,而是关心自己的健康?

我带着各种问号和感叹号坚持工作。不久之后,一通电话又打过来:"朴小姐,请你看一下刚刚发给我的夏季营销方案。"

社长的语气深沉,我马上意识到一定是哪里出了差错,于是迅速打开刚刚发过去的文档。

社长在电话里继续说:"你这文档是什么字体字号?标题层级不明显,简直太难看了!总之,以后版面不清晰的文档不要发给我,我是不会看的。"

真是见鬼了!不就是个企划案吗,只需要考量方案是否可行就可以了,管我的字体字号干吗,这也太较真儿了吧。我放下电话,满肚子都是委屈和不满。先是因为我生病,没有表示让我回去休息,反而禁止我出入其办公室,接下来又因为字体字号的问题而拒绝批阅我送交的文档,这个老板也太极品了!

社长给我的第一印象是一位儒雅的绅士,对下属很亲和,当时我还暗自庆幸自己运气好,遇到的不是韩剧中那种高傲怪异的富二代。但朋友们却提醒我:不要太乐观,老板与下属的关系就如同婆媳关系一样，永远不可调和。

果然，之前所有的印象都在今天被抹杀了，我的老板原来也是一个极品。

➜ 谁的老板不极品

凡是在职场工作的朋友聚在一起，一个固定节目就是"吐槽"自己的老板。每个人都认为自己的老板是极品，结果总有不甘示弱者举出更极品的例子，结果就是，没有一个老板不是极品。

老板A，常常带员工聚餐，但作为组织者却从不请客，而是同下属一起均摊。

老板B，脾气特别大，爱骂人，就算是对年轻的女孩子也照样脏话连篇，经常把女下属骂得躲到卫生间号啕大哭。

老板C，不喜欢红色，不允许穿红衣服的女下属进入自己的办公室。

老板D，与老板B相反，特别怜香惜玉，总是哄得女下属眉开眼笑，抢着干活；对男下属却横眉冷对，挑剔苛刻。

老板E，要求下属汇报工作不可以超过3分钟，超过一秒钟都要被喊停，气氛十分尴尬。

比起上述这些老板，最不可饶恕的还是利用职场权威骚扰身边女下属的老板。他们抓准了女下属不敢轻易辞职的软肋，处处找机会骚扰。

　　我的女同学就遭遇过这样的事情。她人长得非常漂亮，既聪慧又有气质，入职没多久就脱颖而出，被提升为总经理助理。她与这位总经理在工作上配合得很好，做出了很多业绩。总经理经常带她出席各种会议和宴会，客户们一直夸赞他找到了一位既漂亮又能干的助手，让这位总经理很有面子。日子久了，总经理便不只是公事应酬，甚至下班以后也经常约她吃饭、泡吧。开始时，我的同学只是认为老板也需要朋友，需要释放工作中的压力，再加上他的老板身份，她一个下属也不敢随便拒绝。但是，渐渐地，她就觉得有些不对劲儿了，总经理开始暗示俩人发展成另一种"关系"。我的同学非常慌张，直接拒绝了总经理的暗示。结果，总经理觉得自己被冒犯了，寻个理由解雇了这位女同学。

　　有人说，老板之所以成为老板，一定有他的过人之处，不然也不会坐上这个位子。很多时候，人正是因为拥有常人不及的思维方式和行为方式，才取得了常人无法取得的成就。如果你能够全方面地去观察一个人，也许你就会发现均摊饭费的思维恰恰说明老板善于利益划分；脾气大的老板，往往做起事来雷厉风行，沟通畅快，下属也可以获得更佳的成长机会。

　　当然，并不是所有的老板都值得我们去学习。如果他有对女职员的龌龊之举，那么不管有什么样的优点，从做人的基本品格上讲，都是不值得尊敬和追随的。因此，当我的同学被她的极品老板解雇时，我其实很为她感到高兴。

→ 助理的宿命

人的一生只有两种关系不能自由选择：一是父母，二是老板。

每个人都希望自己出生在达官显贵之家，从小衣食无忧，接受最好的教育，享受最好的生活。但是，出身并不是我们可以自由选择的，我们所能做的，唯有接受并且全心全意爱自己的父母。

对于老板来说，有的老板充满魄力，做事雷厉风行，敢于负责、勇于担当；有的老板老成持重，从不斤斤计较；有的老板谨慎细致，注重细节；有的老板优柔寡断，总是把事情拖到最后关头，让下属难以开展工作；有的老板耳根子软，非常善变；有的老板非常情绪化，忽冷忽热，上午还和颜悦色，下午就声色俱厉；有的老板为人小气，睚眦必报；有的老板说一套做一套，口是心非，令人难以琢磨……总之，有一千个老板，就有一千种不同的性格，就要找出一千种相处的方法。无论老板有多么极品，多么难以对付，身为助理也要敢于面对，还要适应老板、配合老板、为老板服务，因为这就是助理的宿命。

当你决定接受这份工作的时候，就应该做好心理准备，即使你的老板是世界上最不可理喻的人，也要去接受他、适应他。工作中对于老板的安排要服从，学会以诚相待，不卑不亢。不管他有多么让你咬牙切齿，只要你还想继续在公司发展，就必须改变自己。说到底，对付老板最有效的办法就是改变自己，这就是职场中的王道。

金牌助理手札

1. 人在职场，适应能力是生存法则的首要条款。

2. 接受一份工作，就要接受它带给你的职场人际关系。

3. 老板和员工的立场存在必然的差别，当你无法理解老板时，最高效的做法就是接受和服从。

泡咖啡，我的职场哲学课

→ 都是一些小事儿

你认为，对助理来说，最基本、最重要的一项职业技能是什么呢？

沟通、统筹，还是写作文案？

都不对！正确答案是：泡咖啡。

大概所有助理都遇到过这样一种情境。当自己将杯子放在老板面前的那一刻，心情是多么失落：我这是在干什么？难道我大学毕业就是为了来这里端茶送水吗？

这样的心理会反映在我们的脸上，渗透在我们的举手投足

间，从而因心理落差太大而有失举止，或放下杯子时声音太大，或不小心让咖啡洒出来。这样的小状况一定会换来不轻不重的批评，于是就会感到更加委屈不甘：有什么大不了的，本小姐又不是来干这个的。

与泡咖啡类似的小事儿还有很多，都是助理们翻着白眼儿也要应付的。比如帮公司前辈复印材料、收发传真，为老板买早餐、收送干洗的衣服，甚至还未来得及认识的同事也会丢下一句"社长回到办公室时通知我"后转身离开。助理只能一一应对，脑门上随着汗水流下两个字"碎催"。

有一种名为"蘑菇定律"的说法，说的是初入职场者常常会被置于阴暗的角落，不受重视、打杂跑腿，接受各种无端的批评、指责，得不到必要的指导和提携，处于自生自灭的过程中。就像蘑菇生长必须经历这样一个过程一样，人的成长也是一样。

说实话，很多职场新人，尤其是助理新人都要经历这个"蘑菇期"，突然间觉得那个跟在老板身边威风凛凛的画面像玻璃杯一样破碎了，原有的工作激情被浇灭，工作前景变得茫然起来，有的人甚至刚刚开始工作便放弃了。

➜ 小事儿中的大道理

有一位前辈，她从行政助理一路做到总监助理、总监、行政总裁，可以说是我的榜样。于是，我向她请教如何度过"蘑菇期"，她给我讲了这样一个故事：

日本幕府时代有一个著名的将领，名叫石田三成。在他成为将领之前，只是一个寺院的扫地僧人。

这天，在外行走的丰臣秀吉来到寺庙讨水喝，石田三成接待了他。石田三成先为丰臣秀吉倒了一大碗茶，丰臣秀吉接过去一股脑儿地喝下；然后他用一只比刚才小的碗，又倒了一碗茶，丰臣秀吉接过去又把它喝了；接下来，他用了一只更小的碗，倒了第三碗茶，递给丰臣秀吉。

丰臣秀吉见石田三成给自己倒茶的碗越来越小，很是不解，便问他这是为什么。石田三成说："我给您倒的第一碗茶是一大碗凉茶，我见您口渴得厉害，需要喝很多水，这一碗茶是给您解渴用的；第二碗茶是一碗温茶，因为您喝下一大碗茶之后就不会觉得渴了，这杯茶是给您正常饮用的；第三碗茶是一小碗热茶，因为您喝过两碗之后已经不再需要喝大量的水，可以慢慢地去品茶了。"

丰臣秀吉听完之后觉得此人心智不凡，于是便让他跟随自己。这以后才有了著名的大将军石田三成。

前辈讲完这个故事，微笑地看着我，我明白了她的用意，但还是不服气地说："咖啡泡得再好有什么用呢，我本来可以发挥更大的价值啊？"

前辈笑了，说道："你还是没有明白。这就是泡咖啡这种小事儿的哲学。通常我们总觉得小事情做不好是因为不值得做、不想做，是情有可原的，别人应该关注我们更大的成果。因此，你的逻辑是成果论。可是，事实上恰恰相反，观察者和评判者，也就是你的老板，他们反而更看重你做事情是否用心，当你觉得小事做不好情有可原时，他们会觉得这么简单的事情还要犯错是因为没有用心，如果有能力做到的事却不能用心完成，那么更重要的任务便无从谈起了。因此，他的逻辑是态度论。这就是泡咖啡的职场哲学。"

→ 工作中要做有心人

受了前辈的启发，我重新认识了端茶送水这样的小事。我利用周末时间报了一个短期的茶艺培训班，开始学习茶道，并且学到了不少茶文化、茶知识，以及泡茶的技能。

另外，我还为茶水间申请添置了一把电水壶。因为有一次社长接待一位客人，我本应该在客人落座后送上茶水，可是饮水机的水迟迟不开。结果，当我把泡好的茶送进去时，客人正要起身告辞。当时，我甚至能够看到社长眼中的熊熊怒火。

客人一走，社长便冷着脸说："朴小姐，这就是你的待客礼仪吗？"

这句话简直比挨骂还让人难受。那天之后，我马上申请买了一把电水壶，当饮水机的水没开时，这把电水壶就可以救急，而且后来我发现，烧开的水泡茶要比饮水机的水泡茶更合适。

另外，上茶还是上咖啡，我也有自己的理解。冬天有客人来访时，我会泡上红茶。红茶是暖胃的，最适合冬天饮用，而且口感温润，适合所有体质。春夏时节我一般会奉上绿茶。如果下午有人来访，我一般会准备咖啡或铁观音，因为午后让人容易犯困，咖啡或者铁观音的浓郁味道让人更容易提神、集中注意力。有女访客时，如果没有特殊要求，我会准备花茶。花茶有美容养颜的作用，大部分的女士爱喝。当有些访客要求提供咖啡时，我会把煮好的咖啡倒进杯子里，然后专门准备一个小盘子，放上糖包和奶包，这样客人就可以根据自己的喜好添加糖或牛奶了。对于经常来访的人员，我会记下他们喜欢喝的饮品，下次可以用同样的饮品招待他们。

当然，首先应该记住的还是自己老板的喜好。夏天，我会准备大量的冰绿茶和冰咖啡放在冰箱里。当社长外出回办公室时，就立刻端给他一杯冰绿茶解暑，这时社长会对我说："朴小姐，有sense（有心了）。"

"sense"（有心了）这个词社长只是随口一说，但对我却触动很大。因为大概在这件事情中只有我自己深切地感受到，用心对于工作是多么重要。当你真正想把一件事情做好时，总是会想尽各种办法，想到各个细节，而这必然会让你把事情做得更好，将差错率降到最小。

➜ 用心才有发展

很少有人会去反思自己的工作意识，因为工作意识是一个无法量化，也没有办法硬性管理的东西。可是，有心的人会发现，在工作意识的有无之间，却有着微妙的巨大差距。

我身边有一位前辈，在他刚刚进入职场时，觉得自己闲得很，没有人愿意把工作交给他做，因为担心他做不好反而添乱。他说，"你要知道，不被信任、无法证明自己的感觉有多糟糕。所有人忙得焦头烂额，可是我却坐在那里无所事事。那时，我觉得那些忙碌的人好幸福。"

当时，公司的前辈唯一交给他做的事情就是将文件分类、整理、归档。这样的工作听起来很像一些生产线上的分检员，就是简单的体力劳动，只需要按编号、标题等信息将产品归类即可。

可是这位前辈对得到这样的工作感到欣喜若狂。他说，接到这个工作后，便故意做得很慢，结果大家都下班了，他还要一个人加班。

就是在这个加班的时候，他一页一页地翻看前辈处理过的文件。哪里做了批注，哪里做了修改，就这样一点一点地学。最后，他竟成了前辈们的老板。

在韩剧《市政厅》里，女主人公辛未来是一名十级公务员（十级是韩国公务员的最低级别），在市长秘书室上班。由于她的公务员级别太低，只能做一些接电话、复印资料、泡咖啡之类的杂活。但是，她从来没有小看过这些工作，即使是复印资料，她也会留心资料里面的信息，结果凭借着她对政府信息和基层工作的了解，最后竟然成功当选为市长。

世界上没有卑微的事情，只有卑微的心态。当你把一件事看得卑微低下时，便是将自己置身于这样的位置；当你把同样一件事看得重要且值得去做时，也会收获相应的结果。

 金牌助理手札

1. 世界上没有任何一件事是卑微的。事情本身并没有大小之分，它的影响和价值都是做事的人赋予的。

2. 你是一个端茶送水的服务生，还是一个万事体贴入微的贴心助手，完全由自己来选择。

3. 在越小的事情上犯的错，越不容易被原谅。所以，千万不要忽略小事。

工作午餐也有大学问

➔ 从来没有一个人的午餐

在工作中，午餐还被称为"工作餐"，顾名思义，就是工作在先，吃饭在后。

从我上任社长助理以来，每天都要安排社长的午餐。刚开始时，我觉得为一个人准备饭食，无非是考虑一下对方的口味，如果能够更细心一些，观察一下他的身体状况、天气变化等，就会安排出更加合理的饭食。可是，在后来的工作中我才意识到，安排社长的午餐时，最重要的工作是确定一起用餐的对象，然后寻找适合谈话内容的用餐环境，而饭食只是次要的内容而已。

在前任留下的助理工作手册中，还清晰地记录着一条：社长从不一个人用午餐。我很快也在工作中发现，社长会和各种各样的人一起用午餐，营销部的部长、产品部的技术专员、前来采访的媒体，甚至是某位被点名的员工。对于那些无法塞进满满日程中的临时工作，社长的第一反应就是："安排在午餐时间。"

偶尔，也会有没任何午餐安排的情况。此时，我会提醒社长说："今天午餐没有特别安排。"其实，我是想告诉他，你终于可以一个人安安静静地吃顿饭了。可是，社长会马上回一句："那我们两个一起吃吧。"

刚开始听到这句话时，我会硬着头皮答应，其实心里很排斥，因为跟老板吃饭总是很拘谨的，不像与同事一起时那样自在。可没过多久，我就打消了这种顾虑，因为午餐时的话题不会很严肃，就算是工作话题，社长的聊天方式也会轻松许多。大多数时候，我们都是闲聊，他会问我最近在看什么电视节目，听什么歌曲，甚至是微博里好玩的段子、热议的话题。

我想，作为贴身助理，社长要与我培养起工作的默契，这大概就是他要同我一起吃午餐的用意所在吧。但是，有时我会因为工作外出不能陪社长用餐，而他又无特殊安排，此时，他就会要求我安排一位陪他吃午餐的人。

这样的安排是非常伤脑筋的，没有工作需要，没有目标对象，要安排谁才合适呢？

开始时，我会安排市场部或产品部的部长陪社长吃午餐，但

这些管理层的日程也经常安排得满满的，很难约到。这让我犯了难，我不知道应该以什么样的主题安排什么样的人和社长一起用餐。

为此，我小心翼翼地请教社长，当无法约到陪同午餐的人时，是否可以一个人用餐。谁知社长轻描淡写地说了一句："随便哪个员工都可以，我只是想在午餐的时候找个人聊聊。"

这就是社长的习惯，即使是公司里的一名普通员工，他也要利用起午餐时间多做了解。就算谈的不是工作上的正事，听一听"八卦"，了解一下年轻人的心理，也比一个人吃午餐值得。

➜ 不要一个人吃午餐

午餐时间，是工作日中唯一一段正儿八经的休息时间，这段工作的间隙往往让职场生存者如获至宝。毫不客气地讲，大家对这段时间的有效利用远远强于工作中的那七八个小时。比如，男同事会趁这个时间约心仪的女孩儿在楼下的餐厅吃个饭，做妈妈的同事会趁这个时间与家里的孩子煲个电话粥，年轻的女同事可以在楼下逛逛街、购购物，最让我佩服的是有一位同事，竟然每天中午跟一位老外吃饭，雷打不动，后来才知道，他是在利用这个时间练习口语。

在中国，餐桌文化向来跟社交人脉紧紧联系在一起，即使是简简单单的工作餐，也被视为重要的职场交际课。表面上看，大

家是在利用午餐时间聊"八卦"、谈家常、吐槽老板。事实上，
这在无形中制造了办公室里各种各样的交际圈，如妈妈圈、单身
圈、美女圈、技术圈、金融圈等。对职场新人来说，办公室人际
的第一步，就是加入午餐圈。所以，千万不要小看吃午饭这样的
小事。我就观察到行政部有一个女孩儿，她每天自己带饭。其实
这本来是一个很好的习惯，因为家里的饭菜既卫生营养又经济实
惠，可是，每天午饭时，各个圈子的同事都聚在一起，她却一个
人待在办公室的茶水间吃饭，久而久之，大家就在集体行动中忽
略了她，使她成了办公室里的边缘人物。甚至有一次，公司所有
后援部门开大会，竟然都没人通知她。可想而知，这样的处境显
然是不利于职业发展的。

→ "内奸"

对于助理来说，午餐时间当然也可以做更多的事、更重要的
事。社长助理是一个微妙的角色，不是管理层，也不是普通的部
门职员。公司职员表面上都愿意与我搞好关系，可事实上又会不
由自主地把我放在圈子之外，加强戒备。比如，当大家抱怨公司
的政策和管理方式时，一定是要避开我的，因为我明摆着就是社
长的"内奸"。对于这种现象，我自己当然也认识得很清楚。

有一次，好几个同事一起吃午饭，市场部的张茜聊着聊着就
把注意力放到我身上，问了我一个很敏感的话题："美玉，最近

传言公司要调整架构，有没有什么内部消息？知道哪些部门要动吗？部门领导是不是也得有变动啊？"

张茜的消息倒是挺灵通的，刚有风吹草动就知道了。公司高层确实讨论过关于组织架构调整的问题，当时我也在场，但是在方案没有发布前，这属于机密，我当然不能随便讲出来。

"啊？这消息可靠吗？你怎么这么神通广大啊，你是千里眼顺风耳吗？我都不知道有这么一档子事儿呢。前几天社长让我叫HR总监去他办公室，两个人谈了很久，不知道都聊了什么内容，反正挺严肃的。亲爱的，你这都是从哪儿听说的呀？"

她当然不能透露消息源是谁，只是敷衍地笑了笑说："哦，我也是在上厕所的时候无意中听说的，也不知道是否可靠。组织架构变了对于咱们这些人应该没啥影响吧？"

"我可不操那份心了，只要每个月能按时领到薪水，社长不对我发脾气，我就阿弥陀佛了。走一步，看一步。"

看我对这个话题没再理会，张茜也不好再追问下去了。

职场午餐的确是一门很深奥的学问。吃"对"了，不仅可以找到自己的"盟友"，还能了解到部门以外的很多信息，如哪个老板换房、换车啦，哪个员工在某一方面有特殊才能啦，大家对新出台的公司制度有什么看法啦等。不要小看这些信息，说不定哪一天就起到了关键性的作用。可要是吃"错"了，就会引来一身是非，不但在老板那里失去信任，也会被同事圈排挤在外。所以，一定要掌握好聊天的"度"，哪些该说、哪些不该说，心里

一定要清清楚楚，学会保护自己、保护老板、保护公司的机密，
这才是助理的王道。

金牌助理手札

1. 一个人吃饭是吃饭，几个人吃饭就是社交。

2. 午餐时间对助理来说，也是工作时间。

3. 助理是信息保险柜，一定要严守秘密。

职场金牌定律第五条：

如果不希望被老板看低，就永远不要抱怨。职场是展示实力与智慧的舞台，需要始终把自己的最好状态展示出来：积极的态度、饱满的信心、主动的行为等。当老板的生活中再也少不了你时，你就成了无可替代的那一个。

24小时开机待命

→ 为工作而生

在百度词条里搜索"助理"两个字，就会发现这样的解释：助理就是去帮助打理的意思。这里所指的被帮助的对象就是我们的上级老板，"上司"可以是具体的一个人，也可以是一个部门。助理岗位就是为服务"上司"而设置的特殊职位。

助理这个职位不像其他岗位有非常明确的岗位职责。除了一些日常的固定业务，如日程管理、各种预订、会议服务、接打电话、出差管理、收发文件、管理电子邮件、访客接待等工作，更多的时候面对的是老板临时安排的机动性工作。所以，老板一般都会要求助理24小时开机，即使是在非常注重私人生活的欧美企业也不例外。

朝九晚五定时上下班，周末能和家人朋友外出小聚，享受劳逸结合的惬意生活，这是多少人梦寐以求的日子呀。如果你想过这种日子，那么请你远离助理这份工作，因为助理意味着你要具备把每一天的24小时都奉献给老板的职业精神。

在职场中，我们会遇到形形色色的老板，有些老板懂得享受，工作是工作，生活是生活，界限分明，也不提倡加班，最欣赏高效率完成工作的人；也有些老板是典型的工作狂，恨不得天天住在办公室，认为工作以外的事情都是浪费时间和生命。大多数这样的老板也会希望自己的员工是个工作狂，思想和脚步都能与其同步。不论遇到哪种老板，助理工作都不会轻松，因为这一工作本身就不是单向的，多数情况下是个没有具体工作职能的岗位，虽然招聘信息的岗位职责部分只写了那么三五条，但往往会在最后面加上一条"其他临时交办的工作"，这句话虽然看上去并不重要，但确实助力的主要工作职责。"其他"实在是一个信息量庞大的词汇，对助理来说，它代表着随时随地、一切皆有可能。所以，如果选择了助理这份工作，那就要做好疯狂工作的心理准备。

面试的时候，HR就告诉过我，助理这个职位需要24小时开机待命，随时接听老板的各种电话。工作即是生活，生活亦是工作，是不分彼此的。HR问我能否接受和胜任这份有挑战性的工作，当时我非常不自量力地回答："我喜欢疯狂工作的状态，有成就感！"HR听完满意地点点头，我依然记得当时她那欣慰的眼神，现在想想颇有深意。

➡ 你选择，你负责

当我真正过上这种工作、生活不分彼此的日子后，便开始嘲笑自己当初愚蠢的想法了。平日的工作就让我忙得像个陀螺似的停不下来，到了周末，休息时间也由不得自己支配，有时累得不行了，心里想着：姑奶奶我为何要受这份罪！然后对冲着沙发垫、枕头、玩偶熊，甚至是镜子里的"假想敌"发泄一通"姑奶奶"的怨气。可一想到这份工作给自己带来的充实感和成就感，看到镜子里"姑奶奶"干练、职业的飒爽英姿，就又跟打了鸡血似的继续上阵了。有句话说得好，"你的选择你要负全责"，我是因为向往助理工作才选择它的，我知道它会给我带来很多机会和挑战，当然还有一些附带的"折磨"，而我能做的就是学会接受它。

每一件事都有正反两面，就像硬币一样。你不能保证抛起来落下去的那面永远是代表好运的一面，所以，就要随时做好心理准备，接受"坏运气"的一面。

有一次，我一天的工作安排得满满的，准备会议，接待客人，为客人订酒店、机票……我忙得四脚朝天，连午饭和晚饭都没顾得上吃，下班后还要在公司继续加班，整理早上的会议记录，发送给老板。听着肚子咕咕乱叫，我咽着口水想：快点弄完，然后回家大吃一顿。

"会议记录必须当天发送到老板的邮箱"这条金规铁律，是不容许我偷个小懒、拖延一下的。

加班到晚上10点多，终于完成了所有工作，我在楼下的Seven-Eleven便利店买了份三明治，站在路边一边打车，一边狼吞虎咽。

我刚刚坐进出租车，尊敬的社长大人的电话就响了。我心里有一万个声音在喊：不要接！不要接！装作手机主人已进入睡眠状态，听不到，听不到。可是，我的手指却机械地划动了接听键。

"朴小姐，我需要你把今天我在会上的想法整理成一个PPT，我想在明天与渠道部的沟通会上用。"

原本放松下来的神经一下子又紧张起来了。"社长，我……我正在回家的车上，能不能回到家里做完发给你。"

"哦，这样也可以。"

凌晨1点，我终于把做好的初稿发给了社长，并用短信通知社长邮件已发送，然后连衣服都来不及脱就躺倒在床上。终于可以睡觉了，这个时间社长肯定不会收邮件了，就算要修改，也可以等到明天早上了。

但我显然低估了老板的工作狂程度，不到十分钟，我紧张的神经还没完全放松下来，电话又响了。

"朴小姐，你的工作完成了，但你是在敷衍工作。因为我开会时提到过一个观点，需要核实一组数据，虽然那只是临时的想法，但你已经是在整理我的想法并形成方案了，可是这个方案还是我即兴发言的语言，你的工作在哪里？"

对于自尊心极强的我来说，如此严厉地质疑我的工作，绝对算得上是晴天霹雳。平心而论，社长说的话没错，我做方案的时候确实没有特别用心，只想着赶紧交差完成这一天的工作，然后舒舒服服地睡一觉。

我一边道歉，一边保证一定会改好，然后挂掉电话，用冷水洗了脸，打开电脑，重新把方案修改了一遍，顺便核对了要用到的数据，完善了PPT的版面。人在专注的时候，时间总是过得飞快，最后发送邮件时，邮箱网页显示的发送时间已经是凌晨3点15分了。

我想在这个时间，社长肯定已经休息了。并且我自己心里也踏实了很多，用心做过的方案，仔细检查过，确定没有什么纰漏，可以放心睡觉了。

第二天一早，我来到公司，打开电脑，紧接着就弹出了邮箱提示信息，是社长的回复：已收到，谢谢！回复时间是3点27分。

Oh，My God！社长大人您不用睡觉吗！

上午，我陪同社长参加了与渠道部一起开的会议，会议进行得很顺利，社长流畅地演示了PPT的内容。看得出，他很满意我这次的工作结果。

对于助理来说，工作随时随地会找到你，想躲都躲不掉。所以，与其被动地敷衍了事，不如主动地认真完成工作。如果一开始我就能做到认真完善数据，方案也就不会被打回，再耽误一两个小时的时间了。

➜ 老板的事就是头等重要的事

在大部分员工眼中，老板大多是高深莫测的智者，但是在生活中，往往都"低能"到生活无法自理。尤其是对于助理，老板更是充满了依赖，就像是需要照顾的小孩。

社长从韩国来到中国工作，公司为他在公司附近租了一套高级公寓。因为没有妻子陪同，社长一个人住在公寓中，日常生活事宜都是我这个助理帮助打理，包括给家里买电买水、找小时工等。

在韩国总部那边有一个常与我有工作往来的前辈，她也是一位分社社长的助理，不仅要协助社长处理公司业务上的事情，有时还要为他解决家里的私事，比如买生活用品、接送孩子、预约家人聚会的餐厅等。比起她来，我的工作量还是少一些。至少我的社长没有要求我去找《哈利波特》的手稿（在电影《穿PRADA的女王》中，女主编让助手去为自己的儿子要《哈利波特4》的作者手稿）。

据说，成功人士的睡眠都少，平均在每天四五个小时，我的社长就是如此。社长睡眠少的直接后果，就是会随时毫不犹豫地打通助理的电话，所以，我几乎患上了一种手机来电恐惧症。铃声一响，我的神经就会条件反射般地一紧。

不得不承认，大多数时候，在不正常的时间接到电话必然是有紧急情况，但有时候，我也会接到一些让人哭笑不得的任务。

记得有个星期六早晨，还不到5点钟，社长就给我打电话："朴小姐，我家里突然停电了，是怎么回事儿？"

当时我真想破口大骂，你家停电我怎么知道是怎么回事儿啊，自己就不会检查一下配电箱吗？我简直是火冒三丈，周末一大早就为这个事儿被从睡梦中叫醒，可小助理是没有发脾气的权力的。

"社长，会不会是整栋楼都停电了啊？"

"不是，楼道里还有电呢，是不是电卡的电用完了？"

"不可能啊，我两周前才给您充的一千度电，按理说还能坚持四五个月啊。这样吧，我现在马上给物业打电话，让值班的人去看一下哪里出问题了。"

"好，赶紧吧！"

我马上给物业打了电话，跟值班人员交代了一下情况，让他们尽快安排电工带着设备去检查。不到15分钟，社长又给我打来电话："怎么还没有人过来啊，这都过了多久了。你给物业打电话了没有？”

我听得出社长有点不耐烦了，心想：着急你就自己打电话问一下，总比给我打电话省时间吧。

不过，我还是耐着性子安抚社长说："这会儿只有值班人员，调度电工过来需要一点时间，您别着急，我这边再给物业打电话催一催。"

半个小时后，电工去了社长家里，检查了一下电路，原来是客厅的一个插线板漏电引起的保险跳闸。电工把闸合上，就通电了，多么简单的一件事儿，竟然折腾了一早上。事儿总算是解决了，我的心也踏实下来。由于刚才神经太过紧绷，再躺回床上已经全然没有了睡意，我美好的周末早晨就这样被毁了。

每一份工作都可以打开一扇命运的大门，而钥匙就在自己手上。即使是助理，也可以很快变成关键人物。工作从来不是给老板做的，那是一个舞台，你就是其中的主角，尽最大努力来完成自己的工作。当老板的生活中再也少不了你时，你就成了无可替代的那一个，这份存在感就是你的价值。

助理所付出的努力，只有一个终极目的，那就是实现自己的价值。

金牌助理手札

1. 改变不了老板，就去适应老板；改变不了工作，就去享受工作。即便是琐碎的小事，也不要抱怨，那正是培养老板对你的信任感与依赖感的好时机。

2. 老板的事就是你的事，客户的事也是你的事，随时准备好迎接新的挑战。工作安稳固然很好，但永远没有成长的机会。

3. 细节是最完美的口碑。

永远不存在"事不关己"

→ 述职报告

不知不觉间，我来到SD工作已有两个多月了，马上要面临新员工试用期转正的问题。SD规定，每个新员工转正都要做一份正式的试用期述职报告，发送给直属领导并抄送公司总经理。

我很清楚这两个多月来的工作都是杂七杂八的琐事，机动工作就占去一大半，这样的述职报告做出来，肯定好看不到哪儿去。于是我去请教部门前辈如何写述职报告，前辈回答得轻描淡写："有成果写成果，没成果写心得，没心得写建议，如果连建议也没有，就写自我反思与提升。反正大家都是用这个套路平稳过渡的，安全保险。"

我默默领教，但心里还是希望能做出点不一样的成就给老板看看。这并不是因为我有什么清晰的职业规划，或远大的职业目标，就连我自己也不知道是为什么，也许只是觉得自己不应该只是应付了事而已。

心理学的吸引力法则揭示了人的潜意识的巨大能量，它告诉我们，人的思想、感觉和行为从来都是一致的。如果一个人在潜意识中认定自己平凡无奇，那么他就真的不会有什么惊人之举；而如果潜意识中就希望与众不同，那么这个人的行为就会与众不同，甚至是一鸣惊人。

中国有句俗语叫"世上无难事，只怕有心人"，"有心"的力量，便是西方心理学中讲到的潜意识的力量。

中国还有一个词叫"上进心"，这个是褒义词，是一种优良的个人品质，所有企业老板都希望自己的员工具备这样一种品质。

显然，我就具备这样的品质。

➔ 失控状态一定会有问题

人事部门负责劳动关系的员工突然离职，人事部门负责人李航一时抓不到人，便向社长请求暂时借调一位社长办公室的秘书，社长便把这个任务交给了刚入职不久的我，他说："你以后的工作涉及范围会很广，有机会多了解一些公司内部的事务，是很有帮助的。"

虽然去人事部门看似是"下调"了，但既然是暂时"借调"，老板遇到了难处，需要我配合一下，当然没话说。

于是，我第二天便到达人事部门，与前同事做了工作上的交接。

一个要离开的人，心可能早就不在这儿了，更不要奢求耐心。她只转发给我一张《劳动关系签订表》，以及一把钥匙。电子表格里记录着公司员工劳动关系签订的情况，档案柜里则是一堆积满灰尘的厚厚的纸质档案，然后她便拍屁股走人了。

看着那张庞大的表格和一堆档案袋，我心头像着火一样焦虑起来。这算是一种强迫症，对于自己负责的事情，如果不整理得一清二楚、井井有条，我便会焦虑不安，没有安全感。因为，这种状态是失控的。

事实上，有很多人会对这种失控完全置之不理。你可能经常会在工作的地方听到这样的对话：

"你跟进的那个项目到什么程度了？"

"差不多了。"

"还得多久？"

"就这两天吧。"

"已经完成的怎么样，有什么问题吗？"

"说不好，等老板看看再说吧。"

在这种情景中，提问题的人往往是越问越焦虑，最终一头雾水；而回答问题的人却觉得自己已成竹在胸，一切尽在掌握，

但很多问题恰恰就出在自以为胸有成竹之时。

我本是文科生，却很喜欢数据，觉得数据是最准确的语言，而劳动关系恰恰符合我的口味。在一般人看来，表格就是表格，只需要将新信息继续录入更新即可；档案就是档案，只要锁没坏、钥匙在，安安全全地锁在柜子里即可。没什么好头疼的。

可是到了我这儿就成了问题。如果我不能确定那张表格和这一堆档案之间的准确联系，便意味着我无法掌控所有劳动关系。

于是，我用了一周的时间，每天加班到凌晨，总是最后一个离开办公室，终于将近500份劳动关系档案和表格一一对应上，按部门、职务、种类整理好，再重新锁进柜子里。至此，哪怕是暂时"托管"这份工作，也总算是安心了。

就是我核对数据的过程中，发现了一个问题：品牌部的主管王霞入职已三年多了，但是无论如何也找不到她的劳动合同。我给之前负责的同事打电话询问，前同事很不耐烦地说她负责的所有工作都交代清楚了，肯定没有问题。

可王霞的劳动合同确实找不到了，也不知是弄丢了，还是根本就没有签过？虽然我从没有了解过劳动法的专业知识，但也知道如果公司没有按法律规定与员工签署劳动合同，一旦该员工追究起来，公司是要负全部责任的。

这是一件很重要的事情，必须及时向李航反映情况。李航听

说这件事后也很惊讶："怎么会有这样的事情？"

"李航，这件事只有两种可能，要么是我们内部管理不善弄丢了合同，要么就是当初根本就没有签合同。不管是哪种可能，对公司都很不利，万一王霞有什么想法……"

"美玉呀，我必须要表扬你一下，你这次的工作做得非常出色。虽然你不是HR的专业人员，但是已经具备了HR的敏锐'嗅觉'，知道站在公司的立场想问题，这很好。这个事情正如你所说，可大可小。所以我们要慎重对待。要怎么处理……你有什么想法吗？"

"按程序当然应该马上补签。"

"嗯，原则上当然应该这样。但是我现在有个顾虑，这个事情责任显然在我们部门，如果找王霞补签，而她又不知道此事，必然会让她有些想法。当然，这是往最坏的方面考虑。所以，我觉得还是先跟王霞的直属领导了解一下她的个人情况。"

我立刻明白了李航的意思。这个事情，如果王霞本人没有意识到，那么什么事情都不会发生；但是如果王霞本来不知道，因为公司找她补签合同反而提醒了她的话，那无异于人事部门主动把自己的工作纰漏公之于众，李航显然是想大事化小，小事化无。

两天后，李航告诉我，王霞的部门经理说她因为老公调到上海工作，也有意前往上海，所以刚刚递交了辞呈。李航说完，微笑着看着我，仿佛在说：天助我也，她一离职，这件事当然就不了了之了。

可我心里还是有些顾虑，因为大家都不确定王霞本人到底对此事知不知情。所以，这是个不确定因素，如果有意外，一定会从这里出事。但是李航一心想把这件事压下去，我也只能配合。

➜ 与老板统一战线

心理学上有一个墨菲定律，是说事情如果有变坏的可能性，不管这种可能性是大是小，一定都会发生。

王霞正式提出辞职后，便到人事部门要求跟李航谈话，我预感自己担心的事情可能真的要发生了，便迅速安排王霞与李航面谈的时间。

面谈结束后，王霞冷着脸走出李航的办公室，我原本想跟她打个招呼，但她却径直离开了。李航随即把我叫进办公室，说：王霞果然为劳动合同的事对公司提出经济赔偿，这显然是她计划好的。离职时捅破这层窗户纸，大家有条件谈条件，不用再顾情面。

李航对此十分愤怒。事情闹到这个地步，公司被动，人事部门被动，最被动的是李航，本想大事化小，却不想因小失大，王霞竟然真会在离开的最后一个转身反咬一口。

现在，只有两种解决方案：同王霞协商，对其进行经济赔偿；让王霞提起诉讼，等待劳动仲裁。

但是，这两种方案的结果显然是相同的，就是公司错了，王霞是赢家。责任出在人事部门，李航是无论如何也躲不掉了。

当然，李航现在最顾忌的就是我。我是社长的人，只是临时借调，却发现了人事部门如此大的一个漏洞，而且我还曾提醒过李航，但他却心存侥幸，没有做好备案。

李航放下架子，找我谈话，问我事情该怎么办。我当然知道他希望我不会把这件事报告给社长。因为从临时的岗位关系上来说，我属于人事部门，不是社长的助理，所以我没有理由要上报给社长。然而一周或两周后，我还会回到社长助理的职位，就完全有义务把这个问题反映给社长。反正早晚都要说，还是早说比较好。

"李航，我想我们还是尽早向社长汇报一下这个事情，至少在公司内部不会太被动。"

"汇报是肯定要汇报，但我们得想好应该怎么说。"

怎么说？对于事实，我们俩都一清二楚，但李航还在想要怎么汇报，那就意味着不能"实事求是"。李航故意陷入思考，把这个说话的空当交给我。

我明白了，他需要我马上替他想个万全之策。所谓万全，就是要保得李航周全。这件事最后由李航上报公司副总裁：因人事部门岗位人员变动，李航交办核查档案信息时发现历史遗留漏洞，主动找员工协商，为了不影响集团与公司的形象，最终达成协议私了，赔偿王霞人民币7万元。

信息是我自发核查的，结果变成了李航交办。发现问题时李航是想压下去的，结果变成了主动协商。本来这件事可以让我立一个大功的，结果却因采取措施及时妥当，为李航和部门免去了责罚。

我默默接受了这个结果，从此再未提起，李航当然更不会提，但是李航从此对我的态度有了极大的变化。

最初，这件事看似"事不关己"，我完全可以不管，但我认真负责地管了，并且发现了问题，也寻求了解决问题的办法。这成了我和李航之间的秘密。心理学上还说：如果你想跟一个人的关系更近一步，那么很简单，与他分享一个秘密吧。

 金牌助理手札

1. 如果大家对一件事都敷衍了事，那对你来说是件好事，因为你能够异军突起的门槛儿实在太低了。

2. 永远不要认为等重要的机会来了才值得好好表现。没有重要的机会，只有重要的表现。机遇不是和你约会的绅士，等你准备好了才来敲门。所以，当它来了，就算是临阵磨枪，也必须全力以赴、严阵以待。

3. 助理的工作是做小事、想大事。

4. 永远跟老板统一战线、战斗到底。"叛逃"只会被"就地正法"，战斗到底却有可能"凯旋回朝"。

职场金牌定律第七条：

永远不要抱怨老板：你为什么不自己做？如果他自己做，就意味着你的饭碗要砸了。雇佣最原始的动因是时间和精力不足，需要扩充团队，形成规模生产。其次是人力资源的引用，以补充团队的不足。如果你的工作和能力都没有重要到不可替代，那么就去提高执行力的价值，因为老板雇用的是你的时间。

助理=时间

→ 老板雇用的是你的时间

人才研究学表明，成功人士和非成功人士的差距在于对待时间的态度，就像比尔·盖茨那样：能站着说的事情就不要坐着说，能站着说完的事情就不要进会议室去说，能写个便条的事情就不要写成文件。所以，他们做任何事情都是以投入最小的时间成本获取最大的产出为日的。

节省时间，增加效率，成功人士恨不得自己能多长出两只手两条腿，去做那些与自己的工作紧密相连的事情，这些事情一般比较琐碎，但又非常重要，无法形成流程化、标准化的工作

岗位，于是，便有了助理这个岗位。它没有标准化的工作流程，作为老板的分身为老板解决一些琐碎的问题，从而为老板节省出时间做更加重要的决策性工作。如果没有助理，老板就需要对大事小事亲力亲为，在细节上浪费很多宝贵的时间。然而老板一小时能创造的价值显然远比一个助理一天创造的价值要多得多。所以，助理就是老板的时间。

在工作中，下级和上级的矛盾很多时候来源于看问题的角度和立场。比如，对于执行这件事，下级常常关注的是过程，如工作量是多少，难度有多大，付出了多少辛苦，遇到了多少困难等，用这些因素来自我评价工作结果。而上级只关注结果，不管工作量有多少，难度有多大，你付出了多少辛苦，遇到多少困难，总之，就看我想要的结果你是否能够给我。给了我想要的结果，你就是优秀的执行者；否则，你就是责任的承担者。所以，在职场有一句话：没有功劳，苦劳等于零。

可见，上级在意的是功劳，下级在意的是苦劳，两者的关注点不能统一，矛盾便产生了。老板在愤怒：到底都干了些什么，浪费了这么多时间却毫无成效，还想不想干了？职员委屈埋怨：嫌我干得不好你自己来干呀。

很多职场人看不透这个矛盾关系，要么牢骚满腹，要么离职跳槽。可是对于助理来说，这却是需要调整的最基本的心态。因为助理都深深地知道，老板交办的每一件事，都不是因为老板不愿意亲自干，而是没有时间且不值得花费时间去干。为了得到结果，老板才雇用了你。所以，助理最重要的工作是如何把时间利用好，实现自己的时间价值，便实现了助理的价值。

某个周一，我刚到办公室，电话就像上课铃声一样准时响起："朴小姐，你到我办公室来一趟。"

好吧，新一周的战斗打响了。

一进门，社长就劈头来了一句："我这里马上要启动一个大项目，需要一些数据，你能不能帮我找到？"

我心里嘀咕：这话问的，不管能不能找到，我都得说能啊。

我收着半口气回了一句："您说。"

社长大概介绍了一下关于公司计划吸引韩方投资商共同开发明星楼项目的事情。明星楼是SD公司准备从一家国有企业那里租赁的大楼，租赁期限为15年，目前正在与明星楼的所有方密切接触。目前，这栋楼还是不起眼儿的旧楼，闲置在那里很久没有投入使用，但这一地段步行至王府井只要15分钟，有着巨大的商业潜能。由于闲置已久，大楼在硬件方面可能会有一些问题，所以需要谨慎行事。关于这栋楼的底细也要调查清楚，不能让投资方有一丝顾虑。

看来这次是公司传统业务领域外的一个大手笔，这么好的地段，若不是好项目，绝对不会轻易启动。现在机会来了，我的挑战也来了。

我的工作日记上赫然写着这一周的工作任务：

这一地区的前后五年规划；

周边住宅和商业分布；

人流测试；

楼体建筑板材及改造可能性和风险预测；

周边重点商业区车程、步行等交通方案测试。

以上测试虽然有专业公司的专员负责，但是因为我最终要向社长递交完整方案，所以必须参与到每个环节之中，获取数据和结论。除此之外，还必须做好韩方合作公司的背景资料、沟通备忘录等案头工作，以备在会议进行中有任何疑问我都能帮助社长顺利解答，为他提供强大的资料和信息支撑。

这大概是我工作以来参与的最大的项目，当然，工作量也是前所未有的。我告诉自己，一定要严阵以待、细心谨慎、不出纰漏，但是我没有意识到，对于工作结果的标准评判永远是以老板为基准的，而老板的标准永远是高于我们的自我预期的。

周五下午4点，我按社长的既定时间，把准备好的一百多页材料递交到社长的办公桌上。社长接过材料翻看，我转身准备出去。

"等一下……"

我屏息转身。

社长把翻开的资料合起来，皱着眉头说："这个方案我需要将近两个小时才能看完，在招商引资会议上，你觉得能有几个人用两个小时集中精神来听你的汇报？"

这是什么意思？是让我缩短100多页的报告吗？

"我让你做前期调查，就是为了节省时间，让大家看到他们最关心的部分。没人对你的调查流水账感兴趣，我要的是核心数据，以及能够证明其真实性的东西。让我用几个小时看一遍你的长篇大论，再从中提取重要数据，那我还雇用你做什么？我需要的就是你的时间。再给你1天时间，做成不超过3页的报告。"

社长的话句句带刺，刺得我自尊心很受伤害。但是，他的话没错。他花钱买了我的时间让我为其工作，但我付出的时间没有得到任何效率，他又怎么会心甘情愿为我的无用功埋单呢？如果我是老板，也不会愿意为这样的职员发工资。

在职场上，大多数人做事很盲目，因为老板下了命令、分配了任务，所以才要去完成，从来不思考老板为什么会分派这个任务，希望达到什么目的。如果我们能带着这样的疑问去工作，就会让自身的工作更有效率，也能让老板对我们的工作更满意。说到底，就是要让我们所做的工作更具价值。如果你所做的工作对老板来说没有任何价值的话，那么你在这家公司的位置也就岌岌可危了。

→ 时间体现在细节上

很多人觉得节省时间最简便的途径就是忽略细节，并且美其名曰"不拘小节"，然而，这却要分情况对待。对于老板来说，不拘小节亦可以开拓宏图伟业；对于助理来说，要做的恰恰是与老板互补。所以，助理要利用好时间，恰恰需要在细节上下功夫，做到事无巨细，体察入微，这才算是一个优秀的助理。

对于"明星楼"的投资项目，韩国总部特意派一位专员来考察具体情况，这位专员还带了夫人和孩子一起来京。可是因为每日专员都要与社长及相关人员开会、考察，没有时间陪伴夫人和孩子，社长便派我全程陪同。

在助理的所有工作中，接待陪同的工作其实最为累心，因为与人相处本就是比较累的事情。人有不同的性格，不同的喜好，甚至还有不同的民族文化，可能全部日程都安排得很好，如果因为一句话给对方留下不好的印象，那么就会让之前的全部努力都毁于一旦。

虽然心里不情愿，但也知道推不掉，只好硬着头皮想，如何把事情做得尽善尽美。

首先是行程问题。因为对方是两个不同年龄层次的人，大人和小孩的需求都要考虑到。行程不能太紧凑，要劳逸结合，否则孩子会吃不消。

每天安排一个大景点，如故宫、颐和园等，然后再搭配一个小景点，如南锣鼓巷等，中间还要安排一些特色小吃、下午茶。此外，还要满足夫人的购物欲，秀水街和红桥珍珠市场是必去的地方，名品A货和珍珠饰品对韩国人说来还是很有吸引力的，在这里买点礼物回国后送给亲人朋友是个不错的选择。

饮食方面也不能疏忽。韩国人吃不惯太油腻的东西，中餐的做法用油太多，所以不能让她们连着吃，偶尔也要安排地道的韩餐厅，让她们吃点韩国的泡菜、酱汤等家常菜，这样胃里才会觉得舒服。点中餐的时候一定要注意忌口， 90%的韩国人不习惯香菜的味道，所以下单时一定要叮嘱不放香菜。

我特别注意到，作为社长的助理陪同重要的客人，还有一个重要的任务，就是要把社长的心意体现出来。虽然他没有时间陪同，但一定要让客人感觉到社长一直都在关心着她们的行程。

为此，我特意以请示的方式提醒社长，是否可以借用社长个人名义的会员卡带客人到一些特色会所休息用餐、欣赏节目。社长听到这个提议后欣然同意，并称赞我想得周到。于是，我们每到一处，我都会特别说明，这是社长特意以他的名义为您预约的。

可以说，这次旅行安排颇有点高端定制的感觉，我这个导游也做得非常到位，让专员夫人和孩子玩得非常开心。专员回国前一天，他们全家与社长一同用餐，特别邀请了我。专员夫人甚至开玩笑说，我是她在中国最好的朋友了。

看得出，社长对我的工作相当满意。

然而我自己清楚这项工作的内容，吃什么玩什么都不是最重要，重点在于细节。这些行程谁都可以安排，可是细节却不是每个人都能注意到的。在这几天的行程里，要想让客人对我们留下特别的印象，就需要在细节上表现出我们的用心。比如，当夫人看到会所里为她准备的方巾上面还绣着她的名字时，那一刻的惊喜胜过任何一处行程中的喜悦。

　　细节会让时间增值，一刻钟的精心安排，其价值往往胜过一整天的陪伴。这些细节也会成为客人口中津津乐道的赞美和感谢，同时也成为了我的工作汇报。社长和客人记住的恰恰就是这些细节，而不是这几天行程的辛苦劳累。助理的时间就应该这样产生价值。

 金牌助理手札

1. 让工作有成效，就等于让时间有价值。

2. 让细节为时间增值。

3. 为自己的时间贴上老板的标签。

第二章
CHAPTER TWO

哪个才是助理角色

职场金牌定律第八条：

一个人想要在职场上有所发展，就决不能满足于做好本职工作，必须做出点超出老板预期的事情，才能让其对你刮目相看。助理是老板的先锋官，必须学会十项全能，为老板冲锋陷阵、铺平道路、扫清障碍。

先锋官：做前台小姑娘做不了的事

➡ 先打头阵，替老板开路

记得在大学毕业时，我参加过一次职场礼仪课程，辅导老师讲到一个细节，陪同在老板身边的下属，应该站在老板身侧靠后的位置，当老板走向出入口或者人多的通道时，就要走到老板前面，为老板开路。

这只是一个职场礼仪的小细节，但是直到我真正成为助理时，这种对老板的服务意识才显得愈加清晰。助理的角色，既要端茶送水，也要冲锋陷阵；既要跑腿打杂，也要陪同老板出席各种重要的商务谈判，周旋于各种人脉关系当中。当遇到不需要老板亲自去做的工作时，懂事的助理会在第一时间意识到自己需要抢先一步，从老板的身后冲到身前，为老板开路，做好先锋官。

SD公司的产品打入中国市场已有几年了，虽然已经在北京的一些百货商场有专柜销售，但是却一直没有跻身一线行列，这一直是社长的一块心病。社长多次试图接触一线百货公司，正巧在一次商务活动中，他认识了B百货公司的高层谭总。两个人初次见面，仅有的交流也只限于场面上的寒暄。私下里，社长一直想再约谭总，尝试接洽合作事宜，但始终没找到合适的机会。于是，社长就交给我一项任务，想办法安排他和谭总见一面。

对我来说，这是一次巨大的挑战。B百货的高层岂是我这个小助理轻易就能约到的。再说，这位谭总是哪路神仙，我更是无从知晓。虽然社长提供给了我的一张谭总的名片，但谁都知道，通过这种官方名片不可能直接联系到本人。就算联系到本人，被拒绝的可能性也非常大，这样的"闭门羹"永远不可能让老板去吃。这时候，助理就必须把路铺好。

➡ 先锋官VS先锋官

第一步，互报家门。

我拿到谭总的名片后，先联系到了谭总的办公室，不出所料，被一位余姓小姐挡了驾。这位是谭总的先锋官，职位和我相当。当然，我事先就已经想好了应对之法，醉翁之意不在酒，我要找的就是这位先锋官。被拒绝是意料之中的事情，但是打过招呼，就能为再次见面做好铺垫。

第二步，阵前对决。

做好铺垫之后，我找了一个由头——公司客户答谢宴会，社长特意嘱咐为谭总送一张请柬。

我带上请柬，以及一套公司生产的高端护肤品，来到余小姐的公司。而且，我特意选了一个快下班的时间。

我顺利见到了余小姐本人，礼节性地把请柬送上，然后故意找话题拖延了一会儿。余小姐开始准备下班，我也顺理成章地跟着她一起下了楼。

出了电梯，余小姐礼貌性地问我怎么走，我迟疑了一下说："这个时间打车肯定很堵，你要是没有什么安排，咱俩吃个饭，躲过高峰再走吧。我来的时候看到附近有一家ROOM西餐厅，环境非常好，而且听说那里的经理是个意大利人，超级帅。"

同龄的女孩子，谈到美食和帅哥总是容易引起共鸣，余小姐痛快地答应了。女孩子亲密起来，其实很容易。

我们边吃边聊，工作、爱情、生活以及美容服饰，再加上都是做助理，工作性质差不多，还可以一起吐吐槽。

聊到皮肤保养的话题时，我很自然地推荐了我们公司的产品，告诉她我们的化妆品在韩国知名度很高，只是刚进中国市场没几年，还没有打开局面。产品本身是纯天然的，使用起来非常舒服。

在这个世界上，所有女孩对两种东西的欲望是无止境的，一个是衣服，一个是化妆品。所以，我自然而然地告诉她，自己刚好带着一套化妆品，准备送到推广商那里试用，正好可以送给她。她稍微推辞了一下，最终还是接受了。

对于这次看似不经意的安排，大家都是心照不宣。是不是"别有用心"已经不重要了，重要的是，我们成为了朋友。

果然没过几天，余小姐就给我透露了一个重要的信息——谭总周日上午在某高尔夫俱乐部打球。我赶紧把这个重要的信息告诉给社长，并为他安排了同样的行程。那天，社长和谭总在高尔夫球场"偶遇"，互相切磋球技后还一同吃午餐。没过多久，B百货公司就正式开始与我们公司协商入驻事宜，我们公司也终于有机会进入一线百货公司。

这是中国分社达成的一项重要合作，社长非常高兴，一天下班时，他特意叫我到办公室，送给我一份礼物——一瓶香水，这大概是对我这次工作的奖励吧。

➜ 事情想在老板前面，功劳记在老板后面

做好老板的先锋官，就需要为老板铺好前面的路，有障碍就挪开，有风景就闪开。一个讨老板喜欢的助理，最需要懂得的一点是，事情要想到老板前面，功劳要写到老板后面。

如果事事都能够想在前头，做到未雨绸缪，不但为老板节省

了很多时间，也能减轻他的工作负担，从而能把有限的精力投入到更重要、更有意义的事情上。

在中国，SD产品的最大销售量是在华北区域，此区域的总经销商是林建，算得上是公司的王牌搭档。有一次，他出差到北京，临时决定来公司拜访，刚好社长也在，就和营销部长一起接待了林建。

我为他们送上茶水之后退出办公室，迅速叫司机带我去了最近的商场，直奔首饰店，挑选了一款千足金的猪宝宝吊坠。然后又马不停蹄地回到公司，并在路上给社长发了短信：林总不久前喜得千金，我已准备好礼物。回到公司时，他们还在聊天，我静静等候在接待室的外面。

林建要走时，社长叫我进去为他安排去机场的车子，我顺便拿出礼物对林总说："社长得知您不久前喜获千金，特别让我去准备了一份小礼物，祝宝宝健康成长。"

社长也适时地表示了自己的祝贺。林建显然有些意外，因为之前他并没有告诉大家这个消息，所以十分感动。

送走林建之后，社长和营销部长都很奇怪我是怎么知道这么私人的信息，我告诉社长，作为他的助理，与他有工作关联的同事、合作伙伴，我都会关注他们的自媒体，如博客、微博等。林建喜得千金的消息是从他的微博里看到的。

社长没有过多地表扬我，但是看得出，对于我这次的表现，他感到非常满意。韩国人其实很在乎这些礼仪，我能够帮助他做得更妥帖到位，正合他的心意。这应该是我工作中最得社长赏识的一部分，几乎无须他提醒或下达命令，我就能为他把这样的事件处理得细致到位，让他在下属和客户面前始终保持一个非常好的形象。

→ 老板都喜欢积极主动的员工

韩国人都是工作狂，这一点几乎得到了所有中国同事的认同。对于工作加班这件事，我们早已习以为常，而我们的韩国老板也更喜欢积极主动的员工。事实上，不仅仅是韩国，任何一位老板都喜欢积极主动的员工。

虽然，我有时也会"吐槽"一下为韩国老板"卖命"很辛苦，但是，我却有自己的一套职场价值观。有些中国同事私下跟我抱怨说，韩国老板总是希望你加班加点，把有人干没人干的工作都干了，就是为了让他们的业绩报告写得漂亮一些。可是，多做事就会多出错，把本不应该自己承担的责任揽到自己身上，实在是不值得。

而我对此却另有看法。老板希望职员努力工作，这很好理解，韩国老板在以身作则这方面还是做得比较好的，他们经常比职员上班早、下班晚，身体力行。因此，他们也会用自己的工作态度去要求职员。

同事还会抱怨，我又不是没有完成任务，该做的事都做完了，不应该对我有更多要求。

殊不知，在职场中，所谓的机会，有多少不是靠"分外"的工作争取来的？不是你的工作，你做了，而且做得很好，这就是机会，为你赢得老板的关注，开启升职加薪的大门。

在职场中，有两种人是得不到提升的：一种是只会做老板交代的事情；另一种是要小聪明把自己的工作推脱给别人。第一种人缺乏主动性，第二种人太过滑头。他们坐在那儿，自己不付出，却不停地抱怨老板的苛刻和小气，埋怨社会的不公，无望地期盼着能有机会降临到自己身上。

很多时候，分外的工作对于职员来说是一种考验，能够把它做好，就是能力的体现。如果每天只守着自己的"一亩三分地"，不去关心其他任何事情，不但很难找到发挥自己价值的机会，对自身能力的提高也是很有限的。

其实，不论是生活还是工作，你的每一份付出未必能获得回报，但是如果因为斤斤计较而不付出，那就永远没有机会得到回报。所以，请不要吝惜你的付出，从现在开始，用200%的热情对待每一件事，努力找到最佳的工作方法，全力以赴。只有这样，才能敲开升职加薪的大门。

金牌助理手札

1. 助理很重要的一份工作就是不要让老板陷入尴尬境地，

这也是助理存在的意义所在。

2. 当你做出一些老板没想到的事情时，也就让老板发现了你与众不同的价值。

3. 考虑周到，做事周全，这是加分技能。

形象大使：什么样的将军带什么样的兵

➤ 助理形象是老板形象的一部分

个人形象是个人品牌的一部分，企业老板的个人形象是企业品牌的一部分。而助理的形象，既代表着企业品牌的形象，更代表着老板个人品牌的形象。所以，助理是老板的形象大使，助理的穿着打扮、举手投足，不仅代表着自己，也代表着自己的老板。特别是在韩国企业中，对形象的管理要求更高。韩国企业的职员，如果连续两天穿着同一套衣服上班，甚至会被老板当场批评。即使是通宵加班，也需要家人送来换洗的衣服，保证第二天衣着光鲜地工作，可见韩国人多么注重形象问题。

　　我刚进SD公司时，行政专员就特别强调过，女职员不管什么发型，都要保证容颜清爽干净，头发遮住眼睛或半张脸的情况是不允许的。SD是化妆品公司，女职员精致清爽的妆容是企业的第一道门面，无论对自己的五官是否自信，都必须展现出女性追求美的特质，这是SD的企业文化，以及一种自然形成的品牌形象。

　　我是SD的一员，更重要的是，我是社长的"一部分"，在很多情况下，我代表的是社长的门面。这道门面常常要面对很多人，如企业员工、公司客户、总部老板，以及不同场合下的"关注者"。

　　助理的形象不仅指着装那么简单，毕竟助理不是模特，也不是摆在老板身旁的装饰品。一个优秀的助理，应该是老板的分身，这就意味着助理的言行举止，在一定程度上会被认为是老板的言行举止。一个不注重形象管理的助理，显然会在一些细节中丢了老板的"水准"。

　　正所谓，什么样的将军带什么样的兵。要做好形象管理，不只是穿对衣服化好妆那么简单。一个人的形象管理包括外在和内在两个方面。外在包括仪容、仪表和仪态，内在包括个人修养、做事风格、口头表达和心理素质等。

➜ 外在形象，端庄大方

　　上班的第一天我就了解到，社长是个十分看重个人形象的人。他被派遣到中国工作，夫人和孩子并没有一起来，但他自己的衬衫领带从来都是干净整齐、搭配讲究。

对于我的外在形象，社长没有提出过具体要求，只是在我刚刚入职时，见我常常穿得很正式，便随意提醒了一句："不用总这么严肃正式，端庄大方就可以了。"

可怎样才能做到端庄大方呢？

其实，很多女孩子在穿着打扮方面，追求的是时尚和个性，希望自己能够与众不同。但是，如果选择了助理这个职位，就要抛开这些想法。从某种意义上说，助理不需要自己的个性，即使要强调自己的个性和风格，也必须是基于老板的个性、风格之上的。

所以，在个人着装方面，不管配合什么样的老板，端庄大方的着装原则总是万无一失的。要做到这一点其实很简单，尽量不要选择太过华丽的颜色和复杂的款式，因为那样会给人在视觉上造成一些负担。就我个人来讲，一般我都尽量选择柔和的色系和简单的款式。如果选择华丽的颜色，就要搭配简单的款式；如果选择复杂的款式，那么就要搭配素雅的颜色，尽量避免华丽和复杂碰撞在一起。

很多女性职员喜欢西裤搭配衬衫，但我觉得这种感觉有点太过生硬、冷酷，缺乏女性温柔的一面。与穿裤子相比，我更喜欢穿正装裙子，搭配裸色丝袜和细高跟鞋，这样会显得比较有女人味。除此之外，修身连衣裙也是不错的选择，但不要太多装饰，简简单单搭配一条项链即可。因为助理本身要参与很多协调性的工作，往往在这些工作中会遇到很多障碍，如果能融合一些女性特有的元素的话，能够起到一定的软化作用，处理问题的时候也相对容易一些。

但是，追求女性特质的时候还要避免过于性感或招摇的风格。千万不要穿一些透视装或者过短、过分裸露的衣服，尤其是当老板为男性时，更要格外注意，毕竟因为性别存在差异，很容易让人浮想联翩。再加上在传统眼光中，助理本来就是个有点"敏感"的职位，行为举止稍不得体就会产生很多是非，所以在所有细节上都要留心，不要给别人留下话柄。

像SD这样的化妆品公司，基本上会要求公司里的女性职员上班时必须化妆。其实，化妆也是一种职场礼仪，哪怕不画眼线或刷睫毛，口红总应该涂一下的。

对助理来讲，妆容方面建议化一些精致淡雅的风格。在日常工作中，浓妆艳抹并不适合，很容易显得不够端庄。

发型最好也选择端庄、干练的风格。若是长发，尽量扎一个高马尾或盘起，这样显得年轻有活力，也可以衬托出气质。若是短发，应选择短款的BOBO头，这样会比较有知性气质。

很多女孩子喜欢"长发披肩"的美感，于是留起了长发，我当然也不例外。只是在我刚刚成为助理时，有一次社长接待客人，我送进去两杯咖啡，客人走后，社长把我叫进去，没有多说什么，只是让我把两杯咖啡收走。通常情况下，这个工作我可以不做，有负责清洁的人来做，但是既然社长点名要我去收拾，我便觉得其中应该有原因，便用心了些，结果发现在我送进去的咖啡托盘上落了一根我的长发。事情看似不大，可是却非常影响客人的心情，两杯咖啡几乎没有动过，我默默倒掉咖啡，也悄悄挽起了长发。

➤ 着装和妆容要符合场合

着装和妆容要适应环境，符合工作需求。除了日常工作中的着装原则，遇到一些特殊场合的时候，助理也可以根据不同的场合来个华丽变身，给大家一个惊喜。

一般来说，助理着装的场合除了日常的办公室环境，还会跟随老板参加一些商务谈判、会议等，这些场合多以正装或半正式职业装为宜。当然，助理也可以作为一抹亮色，选择稍正式点的连衣裙，针织衫配裙装，颜色可以亮丽些，不要只是单调的黑色或灰色，成为西装革履的老板的点缀。

还有一些比较休闲的场合，比如公司举行的集体活动，如旅游、运动竞赛等，虽然可以穿休闲运动服饰，但还是建议助理能在身边或办公室准备一套正式一点的裙装或套装。因为老板可能随时会有紧急事务需要处理，助理必须24小时待命，有一套备用装会十分方便。

当然，相对于其他职场女性，女助理出席一些商务聚会的机会更多些，这种场合需要配礼服。一般公司的酒会、聚会，可以穿一些小礼服，不必过于隆重、夸张。裙子的面料选择要以丝缎、薄纱为主，为了增加一些闪光点，还可以佩戴一些较为绚丽、夸张的饰品。鞋子可以选择丝缎面料、包脚露趾的晚装鞋。包包换成小巧一些的晚装包等。丝巾、披肩也是锦上添花的绝佳单品，可以增添晚装气氛，如一条简单的吊带裙配上一条优质的披肩，就可以让办公室小助理摇身变为派对女王。

　　年底，公司会举办客户答谢晚宴，而且大多是西式的，参加晚宴的人员都要穿礼服。社长告诉我要打扮得漂亮一些，因为社长本身就是一个在穿着上很挑剔的人。我知道社长的个性，当然不能让他失望，于是对这次活动下了不少心思，很早就开始参考大量时尚杂志，找到了一款适合自己的简单、大方的露背黑色长款礼服，再搭配一款珍珠项链、浓妆红唇和超高跟鞋。看着镜中的自己，就连我也吓了一跳，原来一个人的可塑性竟然这么高。

　　当我到达宴会现场时，社长已经到了，正和客户们边喝边聊，看见我过去打招呼，他们的眼睛都瞪大了，齐声尖叫："哇！这是谁啊？"

　　上海的经销商林总开玩笑说："你简直就是个明星，这还是我们认识的朴小姐吗？你平时虽然也很漂亮，但今天简直超乎我们的想象了。"

　　社长也夸赞了我一番，说我今天的表现超出了他的预期，让大家眼前一亮。居然能听到一向吝惜赞美的社长如此评价，让我很是开心。

但是，所谓形象也不仅仅是外表，内在的气质也是其中的一部分，绝对不容忽视。气质看似无形，实则有形。一个人的气质是通过在生活、工作中的态度、性格，以及一言一行体现出来的。一个人在举手投足之间，便可流露出自己的气质。所以，不能光顾着自己美丽的容貌、得体的服饰、精心的打扮，也要丰富自己的内心。不仅要多读书，储备大量知识，还要做一个内心善良、平和、真诚的人。只有这样，才能让自己成为一个由内而外散发魅力的人。

 金牌助理手札

1. 形象工程也是工程，在工作能力相当的情况下，让个人形象为你加分，而不是减分。

2. 在职场中，并不是强势的女强人才有优势，很多时候要靠适度展现自己的女性魅力以柔克刚，穿着打扮就是展现女性魅力很重要的一点。

3. 管理个人形象并不是为了别人，最终的受益者还是自己。

大内总管：要臣不如近侍

➤ 老板身边的"苏公公"

看热播剧《甄嬛传》的时候，我常常在想，雍正的贴身太监苏培盛真是个情商极高的人。他虽是一名太监，但并不卑微，甚至后宫妃嫔还要讨他的好。因为他在皇帝身边说得上话，皇帝也听得进去他的话。当皇帝震怒时，他懂得如何安抚皇帝的情绪；当皇上为"恋爱"冲昏了头，要打破宫中的规矩时，他又敢于谏言，点醒皇帝；当皇帝因为朝政心烦意乱时，他能够主动差遣下人把甄嬛请来，缓解皇帝的忧愁……他是最懂得体恤皇帝的人，总能猜透皇帝的心思。不仅如此，他还时时刻刻陪在皇帝身边，忠心耿耿，尽心侍奉。所以，即使在他违反了宫规的时候，皇帝也选择宽恕了他，这都是因为他是皇上最信任、最依赖的人。

灵光一闪，我发现助理的角色还颇有点像"苏公公"，虽然这个比喻颇有些自嘲的意味。

助理除了做好本职工作以外，还要懂得察言观色，体察老板的心意；知道如何选择正确的时机，说话要注意分寸，符合自己的身份；还要建立良好的人际关系，在老板和下属之间起到桥梁的作用；在关键时刻，能够献计献策，帮助老板提供最佳的决策，同时韬光养晦，不露锋芒，甘当绿叶。

→ 和老板的家人成为朋友

在我看来，家人和亲属是老板最亲近的人，要想得到社长百分之百的信任，就要与他的亲人处理好关系。

与老板的家人建立友谊，一定要把握好尺度。社长和夫人都是韩国人，平日里社长家的很多事情由我来操办，夫人出行也常常需要我来陪同，充当翻译。我做助理后不久，就和社长夫人成了朋友，夫人也对我很友善，时常约我一起逛街，让我当她的参谋。

逛街时，夫人有时会跟我抱怨社长的诸多"不是"，每当这时，我心里都产生强烈的共鸣，真想跟她抱怨一下社长在工作中多么像"恶魔"。可是，转念一想，毕竟他们是一家人，夫人在这里跟我抱怨一些家长里短的小事，算是分享生活、拉近距离，但是我得明白，自己不能跟着一起抱怨，更不能在夫人面前抱怨社长在工作中的事情。

所以，我只能说："夫人您真是不容易，为家庭奉献了这么多，怪不得社长总是把您记挂在心里，无论去哪儿出差，再忙都想着给您买礼物。"

虽然夫人待我很友好，把我视为朋友，无话不谈。但是，我时刻都保持着警醒之心，关于社长的话题不敢随便多谈，能回避就回避，避免给自己带来不必要的麻烦。

全能助理不仅是社长工作中的帮手，也是生活中的帮手。拉近与老板距离的方法之一，就是和他的家人成为朋友，这就是作为"大内总管"的助理相对于其他职员的最大优势。他们平日里绝对没有这样的机会，接触老板的家人，赢取老板的信任。

➡ 担当和事佬

在我们公司里，销售部的王征部长和市场部的韩熙哲部长之间有矛盾，这是我们企业公开的秘密。

王部长是社长从竞争对手那里费了很多时间和精力挖过来的，他也不负众望，一次次创造出销售奇迹，为我们的产品在本土立足做出了很大的贡献，因此深得社长的喜爱。

韩部长是从韩国总部派遣过来的，跟随社长多年，在策划方面能力很突出，是一个得力干将。

俩人都是社长的爱将，作为公司两个主力部门的负责人，在业务上又紧密联系，正应该相互协作，让销售业绩蒸蒸日上才对。但是，由于他们俩关系不和，导致了两个部门成了"生死冤家"，一有状况出现就互相指责、抱怨，很不和谐。

二人之所以关系交恶，还要从多年前一个名为"美丽夏天"的项目说起。有一年，为了推出夏季主打产品，韩部长主导市场部策划了"美丽夏天"的产品推广方案，但是王部长觉得这个方案太过理想化，不好落地执行，而且方案本身也没有多少趣味性和吸引力，所以没办法调动区域经销商一起开展。方案就这样一拖再拖，把一向心气很高的韩部长给惹恼了，从此俩人便打响了无休止的口水战，时至今日仍未停止。

两人的矛盾很令社长头痛，稍有不慎就会被认为有意偏袒。所以平衡二者之间的关系就成了社长心中的大事。

某个周五，公司开了第二季度销售会议，情况不乐观，统计表显示第二季度的销售额比第一季度下降了三个百分点。对于销售额的下降，社长需要一个合理的理由，因为他也要向总部做业务报告。

销售额的下降影响到了王部长的业绩，所以他面色凝重地说："首先，对于本季推出的明星产品'仙女水'的宣传不够，在媒体上的曝光也很少，消费者认知度太低。其次，客户投诉事件没有及时应对，在消费者中间产生了不良影响……"

王部长将原因全归咎于市场部，韩部长听完就不干了，马上用蹩脚的中文反击："如果说宣传力度不够的话，为什么华南区域的销售额比上季度还涨了两个百分点？不从自己身上找问题，出现状况就要赖到市场部头上，没有担当意识。"

两人越吵越激烈，社长终于发飙了，拍桌子喊道："都给我闭嘴，好好反思自己的问题，写报告提交上来。"说完，愤然离开了会议室。我见情况不妙，也赶紧追了出去。

社长气哄哄地回到自己的办公室，这还是我第一次看见社长公开责骂二人。看来，这次他是动真格的了。没过多久，王部长就过来了，想跟社长再谈谈。我想社长还在气头上，还是等他消消气再谈效果才会好。

"王部长，您先回去吧，这会儿跟社长说什么都没用，反而会起反作用。再说了，看您这架势，我觉得您也没做好准备呢。大家都先冷静下来，等到能够理性思考的时候再谈吧。我会给您安排时间的。"

"朴小姐，谢谢你的提醒，还是你最了解社长。那份报告我还写不写呀？"王部长露出尴尬的笑容。

"社长要的不是报告，是你们的态度。您也知道，平时社长有多么爱惜你们两位将才，他是多么希望你们能够相互合作啊。可是你们这么一直争下去，让他情何以堪。您二位也别再为难社长了，这次销售业绩下滑，估计向总部汇报的时候，少不了被总部的'左派'攻击，您也体谅体谅咱们社长吧。"

王部长满口答应了，说回去要好好反思一下，并考虑如何与市场部搞好关系。我总算舒了一口气。

之后，我以请韩部长喝咖啡为由，把他叫出来。虽然韩部长的级别比我要高很多，但我是社长助理，总会给我几分面子，再加上我晓之以理动之以情，韩部长也意识到他有些过火了。韩部长虽然是个心高气傲的人，但合情合理的话，他还是会接受的。况且他跟随社长这么多年，知道社长是如何排除万难爬到这个位置上去的，因此更能体恤社长的难处。

结束了与韩部长的谈话，我顺便给社长买了一杯美式冰咖啡，冰块要占三分之二。社长生气的时候，需要用冰块来消消气。

→ 抓住时机，献计献策

我敲门进到社长办公室内，看见社长仍然是愁容未展，便把咖啡递给他，将成功说服王韩二人反省的经过说了出来。社长的眼睛顿时就亮了，脸上泛起了笑容，问道："朴小姐，这是真的吗？你不是在骗我吧？你真的化解了两个人多年的恩怨？"

"化解恩怨倒不敢打包票，但是最起码俩人有了自我反省的态度，估计过两天会找您认错的。"

"这俩人真是太考验我的耐心了，但是他们都很有才能，真是哪个都不舍得放弃。"

"社长，我能谈一下我的看法吗？"

"可以，说吧。"

"市场部和销售部因为职能上的差异，本来就很容易产生问题。一个着眼于当前利益，另一个着眼于长期发展；一个追求局部利益，一个追求整体利益。总之，在一件事情上，销售和市场的诉求点是不一致的，所以总是会出现矛盾。我觉得让他们的工作互相有交集，而不是各干各的，这样才会培养他们的合作精神。比如，以前都是市场部单独操刀制订传播方案和创作广告文案，销售部完全没有融入其中，与其让销售部在事后挑理，不如把一线销售人员、市场人员和市场部集合在一起进行商讨，组成一个项目小组。这样不仅能避免不切实际的方案出现，更能使传播方案、广告文案得到多数人的认可，从而更容易执行。"

"这个想法很不错！朴小姐，想不到你已经上升到战略高度了。太好了，这种合作方式可取。"

"没有没有，我这都是一点皮毛，还得由您来完善呢。"

此后，王部长和韩部长再也没在明面儿上吵架，业务上的合作也进行得很顺利。从表面上看，两人的纷争问题貌似得到了解决，至于他们的内心如何，只要不影响工作，就不再重要了。

像调解矛盾这种分外工作，的确不是助理的职责范围，即便不提出任何建议，老板也不会对你有什么看法。但是，你主动承担了任务，积极想出有效的解决方案，为老板排忧解难，那么你自身的价值就会得到升华。在老板心中，你不仅仅是一个助理，更是能从策略角度给予建议的得力部下。

其实，对于助理来说，分内的事情也好，分外的工作也罢，如果每次都能够主动承担工作，做到让老板满意，甚至是感到意外惊喜，那么你在老板心中的认可度就会越来越高。"机会的大门"终究会为你打开。

 金牌助理手札

1. 发挥助理的先天优势，获得的信息量越多，做事情越会周全。

2. 每一个公司里的人事关系都不简单，作为助理，要学会主动为老板降低内耗，实现自身价值的提升。

3. 无论处于何种职位，看到不合理的状况时，都应给老板提供建议。

职场金牌定律第十一条：

参与出谋划策，事实上并非助理的职责所在，有人甚至忌讳助理过多干预。然而，在实际工作中，大多数老板在形成某些想法和决策时，第一个问到的人都是助理。老板的提问并不意味着求助或者听从，可能是需要对自己观点的认同和佐证，又或者，仅仅是老板在考验你。

参谋长：钢铁是这样炼成的

在中国古代，参谋是个官名，后来只在军队中被留用，职责是参与指挥部队行动和制订作战计划。而在现代，它却存在于政治、生活、职场中，泛指那些可以代人出主意的人。

在职场中，每一个职员都应该成为参谋，因为我们被企业请来就是为了解决问题。这其中最为典型的能够发挥此功能的便是助理。

与普通职员相比，助理随时跟随在老板者身边，可以接收到更多信息，有更多的机会获知老板者需要解决的问题，也就有更多机会为老板提供解决问题的建议，发挥"参谋"的价值。

然而，就助理的工作职能来说，很多时候随便提出自己的建

议反而是一大忌讳。那么如何在合适的时机表现自己，赢得老板更多的关注和信任，又不被视为超越职权，这是助理扮演好"参谋"角色的重要因素。

➜ 要比老板掌握更多信息

老板最大的职责是什么？是决策。老板最大的权力是什么？也是决策。

但老板的决策不是灵机一动，也不是信口开河，而是需要经过大量的调研、数据支撑、专业分析、理智推断而做出的判断和决定。其中，数据的调研、整理分析工作，必然会成为助理的工作内容，而这也正是助理扮演参谋角色的开始。

品牌部的娄莎已经在SD工作好多年了，算是资深的员工，她的工作能力社长都看在眼里，想派她到韩国总部学习一年。在很多韩国和日本的企业里，都有这样一种企业文化，即员工很少跳槽，一旦进入企业服务，就希望一辈子都待在这里。同时就企业而言，也很重视对优秀员工的培养。

社长很看重娄莎，希望送她到总部学习一年，再回到中国工作，这对她以后在企业的发展非常有好处。一般员工得到这样的机会都会欣喜若狂，几乎不会拒绝，社长也顺理成章地认为娄莎自己更不会有什么意外情况，因此，在没有和娄莎面谈的情况下，已经开始和总部商量这件事了。

　　但是在我的印象中，不久前曾无意中在茶水间听到娄莎打电话，对方应该是很亲密的人，商量着去医院检查身体的事情。

　　娄莎是品牌部的骨干，我自然就多关心了一些她的情况，跟她多聊了几句，问她是否工作太累，身体不适，要注意休息等。

　　娄莎笑着告诉我说，没什么，只是常规体检。我还是感觉奇怪，虽然常规体检是一种非常必要的健康管理，但我知道，除了公司安排的员工体检外，几乎90%以上的员工，特别是年轻人，很少会主动再为自己安排体检。尤其是娄莎，工作上如此出色，工作任务又如此繁重，如果不是有什么特别的原因，应该不会想到去给自己做个常规检查吧。

　　虽然心里有疑问，但娄莎没有想要坦诚相告的意思，我也就没多问。只是在平时的谈话中留意到，娄莎最近很注意自己的身体，下班也很少跟大家出去玩了，聚餐时冷的不吃、辣的不吃。年长的女同事淡淡地补上一句，小姑娘，人家这是要准备当妈妈啦。

　　大家只是无心的聊天，我也没有格外在意。但现在想起来，对于社长想要派遣娄莎去韩国学习一事，却是个非常重要的信息。如果娄莎准备怀孕，那么她就有可能拒绝。如果她不拒绝，等到进修回来再怀孕，也有可能影响到社长的长远安排。

　　我突然明白了，当时娄莎为什么没有告诉我实情。同在职场，对于女性职员来说，结婚怀孕这种事是事业发展道路上的障碍，虽然是生活中的喜事，在公司里却有可能成为升职的绊脚石。

可是，社长有了这个计划时，便已经让我整理了娄莎的工作资料，递交总部。对于这样一条重要的信息，如果告知社长，可能对娄莎造成伤害；如果不告知社长，我又没有尽到助理的职责。两相权衡，我委婉地提醒了社长。

我站在他的办公桌前，递给他娄莎的工作档案，然后开口："社长，这个档案中的个人信息部分，如她对自己生活和工作的规划资料很少，还是她入职时填报的内容。她已来SD工作这么久，这个资料是否需要更新一下？"

社长接过档案，大概翻了一下，顺口说："嗯，是需要更新一下，那你去找她补充完整再交给我。"

我接着说："我的职务找她谈不太合适吧，可能需要人事部长或者您本人跟她谈一次比较稳妥。另外，对于去总部进修的事，我也正要在最近为您安排一次和她的谈话呢。"

我这么一提醒，社长停下了手中的工作，抬头看着我说："嗯，应该的，尽快安排吧。"

结果娄莎果然拒绝了到总部进修的事，理由是自己准备要孩子。社长虽然感到惋惜，但也只得另外考虑人选。

→ 增加知识面，才能当个好参谋

再强势精明的老板，也都喜欢征询下属的意见。征询意见不代表求助，更不代表听从。对老板来说，征询意见，有时是对自己决策的佐证，有时则是对下属的临场考查。

对助理来说，每天就坐在距离社长办公室不超过5米远的地方，甚至大部分时间陪同在老板左右，被提问的概率是最高的。

不管我的意见对社长来说是否重要，但至少对我自己来说十分重要。它是随时递过来的一张考卷，考什么不重要，分数才重要，分数意味着老板对你的认同和未来职场的发展。所以，我总是格外小心谨慎地应对。

要知道，我只是凭语言优势当上助理的，对于管理运营和化妆品行业，则知之甚少。于是加紧去学习，了解行业知识，阅读管理类书籍。还别说，高压之下，虽然疲于应对，但也学到了很多有用的东西。

渐渐地，我的业务越来越熟练，对公司的工作流程也越来越熟悉，加上跟随社长耳濡目染，也开始有了一些自己的思考和看法。

对于一个化妆品企业来讲，新品研发、推广、销售是最为重要的三件事。新品研发在总部的研究所进行，所以对于我们中国的支社来讲，就只剩下推广和销售两大重头戏。一般都是相关人员做好方案，由社长来判断是否可行，然后去执行。但是社长有时更愿听初期方案讨论时各种不经雕琢的"Idea"。

关于2008年新品的市场推广，市场部、销售部和企划部的人一同开会讨论推广模式，社长也出席了这个初级讨论会。

社长说："会长对这个新研发的产品抱有很大的期望，想把它打造为咱们公司的明星产品。韩国本土市场的推广方案已经确定，但是中国这边还需要根据市场的实际情况来制定，所以我们不能直接套用本部的方案。这次要靠我们自己去策划出最优秀的方案。现在开始头脑风暴，大家集思广益，看看能不能碰撞出火花来！"

果然是做专业策划的人士，社长话音刚落，大家就开始侃侃而谈，天马行空的"Idea"呼呼地冒出来。其中市场部的小宇说："咱们公司一直沿用的是传统媒体，这次可以尝试一下新媒体，比如在门户网站、博客、BBS、SNS等渠道上写点软文，比起传统媒体来，这种新媒体在价格上有压倒性的优势，而且转载传播速度很快，反馈也很快。"

大家觉得小宇的新点子很与时俱进，纷纷点头。这时销售部的王凯发表了自己的见解："虽然新媒体在广告成本上能节约很多，并且会有一定的用户群，但是毕竟用网络的人还是有针对性的。咱们的这款明星产品是有抗皱功能的，年龄层应该是30岁以上的人群，三四十岁的人可能用网络没问题，但是岁数再大的估计都不知道什么叫BBS，什么叫SNS，这么做无疑是把目标群缩小了。我还是认为应该用传统媒体的推广方式。"

大家各抒己见，讨论得很激烈，但是没有完美的方案出现。这时，社长转过头来，询问在一旁做会议记录的我有什么看法？

虽然觉得有点突然，但是既然被问到了，还是要回答一下：

"其实，我觉得传统媒体和新兴媒体都有利有弊，是不是两者结合在一起会更好呢？"

这引起了社长的关注，马上追问："以什么样的方式结合？"

"这个……我还没有想到。"社长充满好奇的脸马上就暗淡下来了。最终这个讨论会也没有形成结果，社长也在两种观点中间难以抉择，又没有更好的第三种方案，于是大家各自回去再想新方案。

我是个敏感的人，社长失望的表情一直浮现在我的脑海里，挥之不去。我想找到一个答案，把那个表情从脑海中替换掉。

终于，我想起在一本营销的书里，看到过关于产品生命周期的研究，这个概念是大家在会议上谁都没有涉及的内容。经过一番思考，我得出的结论就是，可以通过产品生命周期的不同阶段用不同媒体方式来推广。比如，在产品的导入期，大家对产品的认知度几乎没有，所以用电视、纸质媒体等传统媒体来宣传；在产品的成长期，相对减少一部分传统媒体的宣传，然后增加新媒体的宣传；到了成熟期，就可以彻底减少传统媒体的宣传，完全依赖新媒体传播就可以。

我的建议让社长找到了协调两种方案的办法。于是，他给策划部下达了新的任务。

当助理需要扮演"参谋"的角色时，要消除那种认为自己水平低、见识浅的顾虑，增强主动性。不是所有助理一开始就能够具备出谋划策、参与决策的能力，这种"谋事"能力也是通过不断地工作、摸索、累积慢慢形成的。

老板经常会存在信息不对称的情况。比如，一个每天开着豪车的老板，不可能有挤地铁上班的职员的见闻；一个管理公司的负责人，不一定懂产品生产线上每个流程如何操作。助理要提供的不一定是金点子，也不一定就是解决问题、付诸执行的可行方案。助理的信息和想法，也许就像一个开关，能够开启老板的灵感，帮助他找到真正解决问题的办法。

而助理需要做的就是一个引子。

 金牌助理手札

1. 出谋划策需要的是点子，出点子的灵感则来源于大量的信息。

2. 助理要做好参谋，就必须摆正自己的位置。参谋是提供点子，而非提供决策。助理不要过于注重结果，只要对老板有所帮助即可。

传送带：不要让老板亲自喊话

→ 当人情遭遇制度

企业通过各种制度规范员工的行为，员工依据企业的制度处理各种事务，维护企业的运行。但在现实生活中，却总有一些人会抱着侥幸心理去挑战这些制度。

每月25日是向财务部提交报销单的日子，所以每个部门都会提前几日把需要审批的单子送到我这里，由我转交给社长审批，等社长审批后再送到财务经理处。流程已经很清楚了，但还是发生了一件蹊跷的事情。

某个周三早晨，我到社长办公室收拾办公桌，发现在前日递交的报销申请单中，行政部、企划部、人事部的报销单已经审批通过，放在了黑色篮子里，唯独销售部的放在未审批的红色篮子里。

公司的财务报批是由部门人员报直属领导，直属领导签字，最后社长签字，财务才会发款。社长这一环节的主要工作在我这里，我会先检查各项单据、签字是否齐全，把总体情况汇报给社长，社长负责签字，一般不会有问题。

未签字的报销单是有问题还是未来得及处理，我十分疑惑，只能等着社长上班后，请示他是否可以报去财务部。

社长上班后，我进办公室送咖啡，顺便问道："社长，今天是财务部报销的最后一天，我现在可以把您签过字的单据送过去吗？"

社长听到这里，皱了一下眉，看了下红色篮子里的单据，有些顾虑地对我说："销售部的单子好像有些问题，你拿回去检查一下，再送我签字。"

我马上想到会不会是自己的工作上有疏漏，于是紧张地拿回单据重审。没有什么问题啊？社长说的问题在哪儿呢？自己找了几遍也没有看出蹊跷，便硬着头皮去请示社长，虽然这样做会显得我这个助理的工作做得不到位，但是总不能为了"面子"耽误了各部门的报销吧。

社长显然对我的"木讷"有些不悦，提示道："你再看看陈杰的单子，我记得上个月我们渠道改制后，陈杰的报销标准是有调整的，要和华北区的区域经理同级别，可是你给我的报销单据还是之前的标准。"

我恍然大悟！公司在渠道改制后，把原来由陈杰负责的区域一分为四，其中三个交给了代理，另外一个由陈杰负责。也就是说，陈杰由原来的省级销售经理，降级为区域经理。虽然公司在改制时明确指出薪资待遇不变，但没有提到过差旅报销标准的问题。我马上打电话到财务部，询问对于陈杰这样的情况怎么处理，财务室的孙会计不冷不热地回了一句"按规矩办呗"，就挂断了电话。

陈杰变相降职，已经心怀不满，社长要安抚，鼓舞士气，应该没有面谈过差旅报销标准这种"敏感的"话题，改制后刚一个月，第一次涉及财务报销的问题，公司也没有正式下文批示新的报销标准，只是默认哪个职务级别，就自动匹配哪个报销标准。

我心里清楚，现在谁去跟陈杰谈这个"待遇"降级的话题，都会自讨没趣。可社长和财务部门的态度都很明确，"按公司规矩办"，至于陈杰的情绪问题，谁来管？当然是我这个小助理。

➜ 替老板唱黑脸

当有负面消息需要下达时，老板基本上是不愿意亲自出面的。这时，助理就必须挺身而出，替老板唱黑脸。

去面对陈杰的情绪，保证公司制度的实施，助理当然是义不容辞。我给自己做好心理辅导，便拿着单据去找陈杰。

陈杰最近心情不好，这一点在距离他办公室10米远的过道里就能够感觉到。他属下的销售人员，除了出差的，都乖乖地坐在位子上打电话。平时，他们不是斗地主，就是网上购物，或是在QQ群里聊天。今天却都一脸的正儿八经，全部在做业务，一副团结奋进、积极向上的做派。很明显，这就是给心情不好的老板看的，谁也不敢在这个时候以身试法、自寻死路。

好在，中国是文明古国，自古就有"两国交兵不斩来使"的好习惯。我不在这片"雷区"，虽然紧张，但办完事转身就走，也不用去管他能翻起什么滔天大浪了。我一边安慰着自己，一边敲开了陈杰办公室的门。

这是他的新办公室，比之前的要小一些，显得有些狭小。他斜靠在椅子里，看了我一眼，就又去盯着屏幕，有一搭无一搭地问了我一句："什么事？"

这种工作状态，一看就是处在"情绪期"。我把单据放在他的桌子上，不紧不慢地说道："陈总，我过单子的时候发现有几项费用，超出了咱们公司的报销标准，可能您没注意到。您再看一下，重新填个单子，今天是报销的最后一天，我得赶紧找社长签字交上去。"

陈杰有些不耐烦地拿过单子，看了一会儿，说："什么时候出台了新的报销标准？我一直是按这个标准走的，怎么就不符合标准了呢？"

　　我本来想点他一下，他改了，我就不用提报销降级的事情，大家颜面上都好看。可是他此时带着逆反情绪，偏偏走极端，自讨没趣。

　　我只好委婉地说："咱们上个月不是进行改制了吗，报销标准肯定也是跟着一起调整的。"

　　陈杰啪地拍了一下桌子，冲我吼道："那你的意思是，我为了公司的业务，还得自己往里面搭钱是吗？"

　　我想过他肯定会不痛快，但没想到他会发这么大的脾气，一时间也很羞愤。但我是社长助理，现在的任务就是做好"传送带"，将信息准确传达，避免社长和陈杰之间的直接"摩擦"。说白了，我要做减少问题，而不能做制造问题的人。因此，我压住火，平心静气地说："这是公司的制度，我也更改不了，何况我是那个负责检查规范的人，如果没检查好，就是我的失职，您也理解一下我的工作吧。"

　　我的言下之意是想告诉陈杰，跟我这样一个小助理发火是没用的。陈杰当然明白我的意思，于是收起火气，却采取了消极的处理方式。他当着我的面把单据揉成一团，扔进了垃圾桶，说："你回去吧，我不报了。"

　　问题有些僵化，我知道再说下去只会激怒他，不如让他平静一下再说。于是，我主动给他一个台阶："您也别生气，公司制度没办法改，但也不用跟它置气，这个单子是要重填的，但这些票据还得用，我先给您收着，回头您把新的单据填好，我再给您粘在一起，那我先回去了。"

➔ 听懂弦外之音

陈杰的消极抵抗让我遇到了难题，时间很紧张，下班前必须把单子转送给财务部，否则就会耽误其他部门的报销。当然，我也可以先把社长已经签好的单据交上去，这样做虽然不会耽误其他部门的报销，但无异于在陈杰的逆反情绪上火上浇油。我还是要想个两全的办法，不到万不得已，不能这样做。

社长也很关心这件事情，分机电话拨过来，问我陈杰的单子弄好了没有。我如实告诉社长，说有些困难，并把陈杰的情绪委婉地讲了一下，只说他因为改制后对报销标准调整有些个人情绪，等他缓和一下，我再去找他谈。

社长听了后，停顿了一下，说："适当的时候，我跟他谈谈。"

社长说"适当的时候"，其实包含着两层意思：

一、无论如何，这件事不可以破例，但尽量不要由我出面，你来搞定；

二、万不得已，你实在搞不定的情况下，我再出面。

也就是说，我还是要靠自己去努力。但是，无论是破例还是安抚情绪，起决定作用的都是陈杰的老板，也就是社长。我要怎样发挥好传递信息的功能，又不暴露信息源引起矛盾呢？

午餐时间，我先在食堂中找到陈杰，他已找好座位用餐，我有意无意地引导社长坐到他的附近。见陈杰用完餐快要起身时，我突然走到他身边，说："陈总，您的报销单子得尽快填好，我一会儿过去拿。"

陈杰见社长也在，没有发火，但仍是不高兴地说："你跟财务说，没有人通知过我调整报销标准，这是工作流程上的漏洞。这不是我倒贴钱的问题，而是公司流程不合理。"

我马上解释说："可能我们大家理解上有误差，财务也是严格按照财务报销制度办事。销售区域调整了，但财务制度没有调整，他们没有想到提醒大家，我也没有想到，是我的疏忽。"

正说着，社长也用完餐，路过我们身边，故作不知情问："小朴，你什么工作疏忽了？"

我也当作是第一次汇报情况，把事情的来龙去脉给社长大概说了一下。陈杰见社长过问，也添油加醋地说了自己非要破例报销的缘由。

社长听完之后，避重就轻地对我说："这确实是财务工作做得不细致，你也跟行政部门对接一下，让他们多做细节报务工作，别让咱们堂堂一个区域经理为这些琐事费心思，这是资源浪费。"之后，社长话锋一转，又对陈杰说："你也别有情绪，你的单子我回去再看下。"

社长已经先对我说明，这个事情不是标准不合理，而是部门沟通的问题，现在只是碍于陈杰的面子，使了一个缓兵之计。

我马上接话说："社长，下午就得给您签字报财务了。其他区域经理的单子您都签字了，陈总这边如果有特例的话，其他区域经理的怎么办啊，肯定是要一个标准的。否则的话，不仅要重新签，跟财务那边还要有个特殊说明，这……我觉得也不合理呀。"

陈杰做到公司的管理层，自然懂得这个道理：虽然你有情绪，但至少要以大局为重，不能为了一个人破坏公司的制度。特别是社长也没有明显表态要特批，只好给自己一个台阶下："社长，这事您不用操心了，我就是要给行政和财务部提提意见，制度不能随便破例，这个我知道。"

社长马上鼓励陈杰说："这意见提得合理，工作就是在不断提意见的过程中越做越好的。"

社长和陈杰互相之间都示了好，下属以公司的大局为重，老板体恤关心下属。虽然我在中间貌似唱了黑脸，但是聪明的社长和区域经理，他们怎么会不知道这其中的奥妙呢？

有些事情，在不同的立场由不同的人采取不同的方式处理，结果就会不一样。有时是因为伦理人情，有时是因为管理艺术，有时甚至是因为推诿责任、规避麻烦，总之，在助理的职业生涯中，因为以上种种原因，总是需要替老板说些他不方便说或不愿意说的话，做他不方便做或不愿意做的事，还要保护好老板不方便和不愿意背后的真相，达成老板真正想要的结果。这就是一个助理必须扮演的"传送带"角色。

金牌助理手札

1. 不要认为老板没有担当、表里不一，处在管理者的位置，他们有很多话不方便亲自去说，很多事不方便亲自去做。这时，一个优秀的助理应该懂得配合老板的管理艺术，维护老板的形象。

2. 察言观色、见机行事是助理的必杀技，要传递好信息，前提是要准确接收到信息。当老板不方便讲出的话委婉地暗示出来时，助理要懂得"翻译"密码。

把老板的触角伸出去

> ➜ 你就是老板的手、脚、眼

公司启动了一个明星楼项目，此项目地处北京黄金地段王府井，作为首个商业开发项目，公司倾注了不小的精力，并且抱有很大的希望。

这个项目事实上属于韩国总公司在中国的一个投资项目，与中国分公司的化妆品业务关系不大。因此，项目启动初期，基本上只有我和行政部门的同事配合社长在这个项目上的工作。虽然中间也会抽调企划部的同事，但因为并非常规业务，临时的组织和协调工作都堆在我这个助理身上。

这个项目的初步洽谈出乎意料地顺利，没有经过太多博弈，双方就达成一个初步的共识，以及一个满意的价格。作为这个项目的参与者，我和另外几位同事都感到很兴奋，这是我们少数人参与的一个特殊项目，让我们有了一种"特殊"的成就感。

有人牵头组织了庆功会，大家举杯庆祝时，都在感慨这次项目进行得顺利，任务完成得漂亮。聚会上，有一个同事无意跟我提起了一个问题，他说："这次的价格，与调研回来的同地段价格相比，是略低一些的。这个信息，对方高层和社长肯定都知道，但是对方为什么如此痛快就同意了呢。"

同事们七嘴八舌地揶揄这位同事："你一个小职员能懂得大老板们的商业思维吗？想不明白就别想啦。"这样一嘲弄，话题便被一带而过了。

可是也许是助理的职业病，与社长决策相关的任何信息一旦被我敏感地捕捉到，就难以释怀。真的是我们运气好，还是正如我们怀疑的那样，事情另有什么别的原因？

➜ 替老板多走一步路

对于这件事，我一直放不下，心中充满疑惑，索性又把相关的资料拿出来研究，也没有发现什么所以然，便漫无目的地在网上搜索这个地段的相关房产信息。有时候，当你开始关注一件事情时，就会发现总有很多巧合，就如同怀孕的人总是会看到孕妇

一样。我在一个论坛里发现了一篇几年前的"八卦贴"。

原来那个地方曾是北京最热闹的地方之一，且曾经建过一座寺庙。后来，区政府为了重新规划土地，迁走了这条街上的寺庙。可没过多久，这里就发生了一场很大的火灾。有人说是挪动寺庙破了风水，所以才会着火。火灾后，这一片的商业的确非常惨淡，倒闭的商家不计其数，做什么赔什么。

帖子说得有点悬乎，但也让人人心惶惶。我犹豫要不要告诉社长这件事。社长自然不可能了解这件事，所有书面资料和谈判资料中，显然不会出现"动了风水"这样的字眼儿。如果我跟社长提起，谣言迷信这种东西实在没有说服力；如果不提，又隐隐觉得这里面有着不小的隐患。

我跟身边一个"老北京"朋友说起这个明星楼的事儿，他给了我至关重要的一条信息：那栋楼原来并非用作商业楼，因此，它的内部供电量很小，如果将来开发做商业楼的话，肯定要增容。可是北京电力增容的手续相当繁杂，时间拖上个几年也说不定，还要缴纳巨额的增容费。

这个情况社长了解一些，知道要将楼盘开发为商业楼需要改造，可社长大概对在不同国家办理增容手续的情况了解不多。所以，对于这些不利因素，也许他并未考虑周全。

我迅速找到合适的时机，把这个信息传递给了社长。

社长听后果然大感意外，看得出他之前确实没有想到问题的严重性，幸运的是，正式的协议还没有签署。社长不动声色地表扬了我及时拿到重要信息，让我回去工作。但不久后，这个明星楼的项目进行二轮谈判，这次大家都不如第一次那么和谐了，针锋相对，互不相让。最终，谈判以失败告终，明星楼的项目被暂时中止了。

虽然我们白忙活了一场，但是想到规避了一个巨大的后患，社长还是为我们举行了一个表彰会议。会上特别提到了我，说我及时收集到了有用的信息，帮助公司进行了重要决策。

没想到我无意得来的信息，对公司决策起到了如此重大的作用。自从这件事以后，我养成了一个习惯，就是做简报：电子简报、纸质简报。开始时，我只是将它作为社长办公桌上定期收到的一份新闻摘录，后来社长觉得这个做法非常好，便正式将它定为一个定期出版的内部刊物，正式派发到行政部负责，由我监督。

凡事多走一步路，就会多了解一些前面的路况，就能更好地为老板的下一步决定做好更充分的准备。在一个企业中，助理是老板身边最亲近的人，所以助理就成为了一个特殊的角色。这时，助理就需要充当老板的手、眼、脚的角色，接收应掌握的信息，传递出适当的信息，维护好老板的形象。

 金牌助理手札

1. 要有为老板提供信息的使命感。

2. 收集信息，不但能帮助自己拓宽知识面，也能帮助老板做出有效的决策。

3. 为老板提供的信息要经过筛选，但助理要做好全面"信息库"管理。

正所谓高处不胜寒，老板的角色注定要与下属保持距离。虽然助理也是下属之一，但却是一个有些"暧昧"的下属，因为助理绝对从属的立场会显得比普通下属更亲近一些。因此，助理常常会成为分享老板秘密、分担老板情绪的"第三方"。注意，仅仅是第三方，优秀的助理有时只需完成为一个"树洞"就好。

成为分享老板秘密、分担老板情绪的人

作为社长的专职助理，大部分的时间是与社长在一起，自然对公司内部的机密情报和社长的私生活了解很多，但我时刻都铭记着一点：管住自己的嘴。有些秘密，牵一发而动全身，不容忽视，所以我平时的一言一行都是谨慎再谨慎。每当别人要向我打听一些内部消息的时候，"我也不太清楚"就是我最常挂在嘴边的话。

千万不要以为白己掌握了很多秘密，就向其他人"炫耀"，或把老板家里的私事当成茶余饭后的谈资。这样不但有失助理的岗位职责，也有可能让老板或公司深陷于不利境地，最后有可能被老板炒掉，得不偿失。很多时候，"不知道"比"知道"更安全，但是既然已经知道了，就免不了"守护秘密"的职责。

➡ 让老板的秘密有处安放

　　周五晚上，我陪同社长参加了经销商的商务宴请，席间社长喝了不少酒。晚宴结束后，我问："社长，咱们是直接回您的公寓吗？"

　　社长揉了揉眉间说："我想走走，喝杯咖啡醒醒酒。"

　　"好的，我知道这周边有一家氛围不错的咖啡馆，有露天的地方可以坐。我带您过去。"

　　走了500米左右就到了，咖啡馆的名字也非常文艺，叫"亿·流年"，我给社长点了一杯他最爱的美式咖啡，给自己要了一杯橙汁，我可不想大晚上喝咖啡睡不着觉，坐等到天亮。

　　"朴小姐，你的初恋是发生在什么时候？"大晚上拽着我不让回家，难道是要和我聊初恋吗？

　　"嗯，是在初中三年级的时候。我喜欢一个男孩子，可是没敢告诉他。不知道这算不算是初恋。嘿，那您呢，您的初恋呢？"

　　社长苦涩地笑了一下，没说什么。

　　社长很少跟我聊到私人话题，尤其像"初恋"这种"闺蜜级"话题更是少见。今天社长突然聊到这个，大概是情感上有什么波动吧。虽然我不确定社长的心理，但是在这么放松的环境下，总要聊点放松的话题。不然，社长沉默，我也沉默，气氛好尴尬。

于是，我索性讲起自己的初恋。

"其实我真正的初恋应该是高中一年级时，对象是我们班的班长。他长得不是很帅，但是好像比我们都懂事的样子，在当时那个还是小女生的我眼里，觉得他很有魅力。后来他没有在国内考大学，而是选择出国留学，再也没有联系过我了。我有了一种被抛弃的感觉，害得我难受了好几个月。我甚至纠结过是不是要等他回来，就像电视剧中的那种悲情女主角一样，哈哈……"

"哦？因为出国留学……"社长好像在安慰我，但他一转话题，便讲起了他自己："你知道我为什么这么拼命地工作吗？就是为了减少待在家里的时间。我的太太，她比我小十岁，她非常喜欢我，但是我对她没有太多的感觉。我和她结婚只是因为孩子。有一次，在聚会中我喝多了，后来我们发生了关系，她因此怀孕，我虽然劝过她把孩子打掉，但是她坚持要生下这个孩子，所以我迫于外界压力才娶了她。我知道自己当时的行为不够男人，但是我觉得在婚姻中，爱情还是很重要的。我们两个人在价值观和世界观上差异太大，没有任何共同语言。你知道那种有人在你身边，你却更孤独的滋味吗？"

我顺势点点头，心里却在翻腾。天哪，真是惊天大新闻，原来社长竟然有这样一段苦不堪言的婚姻。我一直以为他是工作狂，从而忽略了家庭的好多事儿呢。

　　社长接续说："我上大学的时候喜欢上了我们班的一个女生，她是那么的明艳动人，很多男生给她写情书，可是在众多男生中，她选择了我，我当时觉得自己是最幸福的男人。可是，到大三的时候，她的家人突然安排她去美国念书，她是乖乖女，从小到大没有违抗过父母的意愿。因为她的懦弱，牺牲掉了我们的爱情。我当时非常恨她，发誓这辈子再也不要见到她。今天我收到了一封邮件，是她写来的。她辗转知道了我的消息，自己结束了婚姻回到韩国，想要见见我。美玉，你怎么想这个问题？"

　　看来社长这回是真的喝多了，把这么私密的事情都讲了出来。曾经有朋友这样告诫我：千万不要跟你的老板聊情感话题，如果你的老板主动跟你聊情感话题，那十有八九是居心不良。

　　其实我曾经有那么一瞬间在想，社长是什么意思，难道是……

　　但是，看到社长沉浸在过往的记忆中，我想自己能够理解他内心的挣扎。这个话题，他没办法跟家人说。以他的身份地位，跟朋友说也不一定合适。所以，也许我是唯一一个就算知道也不会有多大危险的人吧。就像有些时候，有些事情憋在心中，我们总想一吐为快，可是却找不到倾诉的人，于是便会对着一颗树、一个玩偶，或者一个陌生人吐露心声。因为这种陌生的距离反而更有安全感，值得信任。我想，我对于社长，便是这种情况吧。

　　最终，我也没有给社长什么明确的建议，因为我知道自己的建议对社长并不一定重要，重要的是社长需要有一个人可以倾诉，让他把纠结在心里的困扰全说出来吧。

→ **保持适当的距离，让信任更纯粹**

中国有句老话叫"英雄怕见老街坊"，其实想要表达的就是，人们不愿意面对自己不堪的过去。比如，有些人酒醉后醒来，会说完全忘记了发生过什么，便是这种心理在作怪。

作为助理，常常待在老板身边，难免会碰到一些老板失态、尴尬的场景，甚至会撞到一些私人的秘密。如果助理认为跟老板分享了秘密就代表着得到了他更大的信任，从而与老板的关系更近一步，那可就大错特错了。

别忘了，历史上的放牛娃成为帝王之后，甚至杀掉了自己的发小，因为他的存在就见证了自己当年放牛的落魄生活。虽然将助理与老板的关系比喻成发小与放牛娃显得有些危言耸听，但道理都是一样的，老板会觉得自己有一条小辫子抓在你的手里，你越把这件事当回事，老板就越会感觉不安全，不仅不会更加信任你，反而可能会疏远你，防备你。

因此，第二天上班，我如同往常一样，向社长汇报工作、报批文件等，此外再没谈及其他。快近中午时，社长出去赴约，走过我的办公桌时，他停下来，轻声对我说："朴小姐，很抱歉，昨天我有点喝多了。"

我表现出一副"你不提我都完全没想起"的样子，赶紧回答："没什么，您不用当回事儿。"

从此我再也没向社长提及此事，但心里很好奇他后来的决定：他和初恋的故事，他和妻子的生活状态。不过，我一直对自己说：要想"八卦"爱情故事，就直接去看韩剧好了，在职场，绝对不要因小失大。

如果社长需要排解压力，就把自己当成一个"垃圾桶"；如果社长需要分享秘密，就把自己当成一个"保险柜"。总之，就算用看剧的情商来分析也知道，虽然社长恨他的初恋女友，但那都是因为爱之深责之切，如果他见了自己的初恋，根基不稳的婚姻恐怕会受到动摇；如果不见，社长心里估计会一直放不下这件事情，这些道理他应该都懂。

这个决定也必须他自己做，别人不需要提供意见，只要倾听并保密就好。

我特别想提醒那些像我一样的助理们，就算你的老板和你聊起男女之间的情感话题时，也不要太过于敏感，以至于要么防备过当，误会了对方；要么无知无觉，真的和老板闹出办公室绯闻。最好的做法就是保持适当的距离，做一个认真的倾听者，不参与其中，只是将其作为老板，帮助他梳理自己的情绪。近不过热，疏不至冷，做一个进退合宜的助理，才会赢得老板对你的尊重。

对于那些只需要倾诉的老板来说，看到你的进退适宜，会更加信任你；而那些别有居心的老板，看到你鲜明的立场，也会就此止步，同样会为你赢得一份尊重。

➜ 老板的怒气并不是针对你

老板也是普通人，也会有自己的喜怒哀乐。有些老板城府很深，不会让外人看出来；而有些老板则喜怒形于色，无法控制自己的情绪。每当这时候，站在老板身边的助理就会成为他发泄情绪的"垃圾桶"。如果遇到老板的正面情绪还好，一旦不幸遭遇负面情绪，也只能照单全收了。

有一次，社长与企划部开业务会议，社长和其他参与会议的人员都陆续就座，唯独企划部的郑部长的位置是空的。眼看会议时间就要到了，社长皱起眉头怒斥我："朴小姐，会议通知有没有做好？"

我昨天就已经正式发邮件通知大家了，刚才还逐一打电话又通知了一遍。

"对不起，社长，我马上再去催一下郑部长。"

我急忙跑到郑部长的办公室，看到他正在通电话，赶紧找了一张白纸写到："部长，会议时间到了，请您过去。"

他捂着话筒回了一句"马上"，然后继续通话，没再理我。我也不便多说什么，就回到会议室，悄声告诉社长："郑部长正在通话中，说马上过来。"

过了5分钟，郑部长还是没有来，社长的怒火终于抑制不住

地爆发了："朴小姐，'马上'到底是多久？让你去问个时间都问不明白吗？能不能好好做事！"

在大家面前被社长如此责骂，还真叫我有点难看。明明是郑部长自己迟到了，为什么要把罪责怪在我的头上。

但是我心平气和地想了想，这本非社长的本意，他是觉得郑部长没有尊重他，所以生气。但是郑部长是我们分公司的高层骨干，虽然桀骜不驯，但工作能力非常强，又是老员工，他也不好轻易指责。可是自己心中的怒火总是要发泄出来，所以只能拿助理当替罪羊了。另外，这也是给在座的各位部长一个警示。

身为助理，也要理解和包容老板的一些为难之处，不要太在乎这种责骂。

➡ 助理的情商一定要高

在跟朋友的聚会中，我们总是少不了数落各自老板的坏脾气。比如，有些老板脾气不好，稍有不如意就会对助理大呼小叫、口出恶言，控制不好自己的情绪。但是事后又觉得自己做得有点过分，会找机会检讨自己，缓和气氛。

对于容易情绪化的老板，助理需要格外冷静对待。因为老板生气骂你几句时是非理性的状态，所以不能因为老板的不够理性，自己的情绪也受到感染，觉得自己受了委屈，为逞一时口快而顶撞老板，这无疑是火上浇油的做法，只会让老板更加愤怒。聪明的助理应该冷静倾听老板的责骂，思考老板为什么如此生气。

　　如果真的是助理做错了什么事情，那就看成是一次改进学习的机会，马上承认错误，并想尽办法弥补过失，以此来抚平老板的情绪。但如果确实没有做错，老板是在鸡蛋里挑骨头，那么就要留意一下，是不是有什么其他的事情左右了老板的心情，导致他的情绪糟糕透顶，又无处发泄，只能拿最亲近的助理"下手"。

　　不过面对这样的状况，助理也有所谓的"应对老板发脾气三步法"：首先，不管是谁的错，先认错，端茶倒水找台阶，让老板的气发泄了。其次，了解事情始末，阻止老板在非理性时做决策，避免事态扩大。最后，针对问题提供好的解决方案。

　　如果能做到这几点，发完脾气的老板会很快回过头来感谢你的。

 金牌助理手札

1. 助理要值得信任，不该说的话要守口如瓶。

2. 为保险起见，不要插手老板的私人事务。

3. 无论是在生活中还是在工作中，应对他人发脾气最好的办法，永远不是去顶撞对方，而是能疏导对方的负面情绪，同时疏导自己的负面情绪，这也是助理必备的专业技能。

第三章
CHAPTER THREE

助理必须要有几把刷子

职场金牌定律第十五条：

无论何种职业都免不了重复和琐碎，这是工作的常态。有的人只苦恼于重复和琐碎，将时间白白浪费在没有价值的情绪波动上；而有人却能在重复和琐碎中修炼自己，不断进步。简单而细小的工作中往往都蕴藏着大的历练和智慧，事虽小，做起来却很考验能力。

将开会当成一种修炼

➜ 会议事小，学问很大

在企业工作，开会是家常便饭的事，尤其是在韩国企业，会议更多。我有一位在三星品牌部工作的学姐，曾经抱怨说她一半的时间用在开会上了，所以只能延长工作时间来完成手中的工作任务。

今天是内部例会，明天是新品研讨会，后天是中层管理干部会议，大后天是股东大会、半年总结会议。老板的职场生活就是一个会议接着另一个会议，所以安排会议对于助理来说就成了一件大事。

别小看会议服务，这可是个技术活，里面的学问非常大。在筹备和组织会议的工作过程中如果稍有不慎就会出现差错，造成不良影响，有时甚至会影响到会议品质。

我刚开始当助理的时候，就曾因为"技术不熟练"而出了差错，把社长的两个会议时间安排重叠，并为此挨了不少骂。

不止这些，有时因为没有把会前准备工作做仔细，如准备的资料与会议主题不匹配，或者慌乱中拿错资料等，在会议途中被社长叫去再慌忙准备，耽误了不少会议时间。出现这样的问题都是因为不懂开会流程的原因。

在做助理的初期，我很是羡慕那些安排事情井井有条的人。同样是做助理，即便做的是同一件事，不同的人办事效果也会大不相同。会议服务的水准不同，将会直接会影响会议的质量和效果。

→ 九段助理进阶术

在围棋中，棋手的棋力是通过段位来区分的，根据棋力由低到高，依次被称为初段、二段、三段……九段。助理的能力也可分成段位，越是高段位的助理，就越能做到完美周到的会议服务，从而使会议进行得很顺畅。

初段助理会用电子邮件和社内公告栏发会议通知，告知与会人员时间、地点，然后准备相关会议用品，并参加会议。但新手做事通常考虑不周，如刚开始工作时的我，只是发了邮件、张贴了布告通知，却忘记确认，结果那场会议缺席率非常高。

二段助理相比一段助理更注重抓落实，所以，发布会议通知后，为了避免有些人没有看邮件或不曾留意公告栏，还要再次打电话告知一下参会人员，确保每个人被及时通知到。

三段助理会在发布会议通知，并打完电话确认后，在会议开始前30分钟提醒参会人员，确定没有变动。对临时有急事不能参加会议的人，会立即向老板汇报，保证老板在会前知晓缺席情况，从而决定会议是否继续进行。比如明天要针对上一季度销售数据做报告，而销售部部长却临时有急事要出差，不确认显然不行。

四段助理会做更周到的准备工作，发布通知后还要提前去测试老板需要用到的投影仪、电脑、话筒等工具是否工作正常，提前做好连接工作，并在会议室门上贴上小条：会议室明天几点到几点会议。

五段助理能够做好会前资料准备。每一场会议都要有明确的主题，既然占用大家的时间开会，就必须让这个会议有意义，不能让参加会议的人一头雾水，根本不知道会议上讲的是什么内容，为什么要开会。同样，还要让参会人员了解会议议程，这样才能让参会人员提前做好准备，把握好各自讲述部分的时间，避免不必要的时间浪费。

六段助理在会议过程中会做好详细的会议记录（在得到允许

的情况下，做一个录音备份），会议记录经老板审核签字后要发给所有参会人员，但保密会议除外。做会议记录的目的在于：一方面是为了留作参考资料，另一方面是明确会上决议的内容。

七段助理会在前六段助理的工作基础上，将会议上确定的各项任务，一对一地落实到相关责任人，然后经当事人确认后，形成书面备忘录，由此避免会后互相推诿，影响决议的完成。这点其实很重要，在企业里很多管理者有这样的毛病，由于在会议上没有明确责任，导致有些人找一些冠冕堂皇的借口，不执行决议内容，又或是拖延执行，不能按计划完成任务。

八段助理则会在七段助理的工作基础上，定期跟踪各项任务的完成情况，并及时汇报给老板。开会不追踪结果，就如同这个会议没有进行一样。助理需要跟进每一项决议内容，跟进的过程中如发现问题，就要汇报老板，做适当调整，并确保会上决议内容毫无偏差地执行。

九段助理是最高段的助理，这个段位的助理能做好标准化的"会议流程"，对于会议的前期准备、期间进行和后期跟进，都能有一个准确及时的跟进，可以说是凭一人之力准备好一次会议。

从之前对九个段位助力的介绍可以看出，高段位的助理其实是在低段位助理的工作基础上，把此前的工作做得更加充分、完善。因此，对于一个助理来说，只要足够用心，完全可以由低到高慢慢修炼自己的进阶之路。

➔ 流程上手，会议不愁

有一次，某季度的销售数据与上个季度相比出现了明显的下滑，社长对此很不满意，便下令召开会议。

会议的流程自然由我这个助理全权负责。

首先是前期准备工作。我接到社长的指令后，先是明确了会议的主题和目标。这次是针对上个季度销售情况的会议，需要分析业绩不好的原因，而这便是会议的主题。

会议主题明确后，就可以安排会议议程了。开会不需要所有人员参加，根据议题选择与其相关的重要人员即可，在与社长沟通后，最终确定下来的与会人员是销售部和市场部的主管人员。

接下来是安排开会的时间，通常是以老板的时间为主，但也要考虑与会人员的行程。如果老板定下了会议时间，但恰好与会人员在那段时间内已安排了其他行程，会议也就无法顺利举行了。所以在确定重要会议的时间时，需要提前和与会人员沟通时间，以避免日程重复。

一般的企业会议室数量有限，开会需提前预约，根据参加人员的数量，选择空间对等的会议室。因为与会人员只是两个部门的主管人员，所以这次的会议只需要预约小型会议场所就可以了。

确认好时间、地点后，就可以用邮件的形式派发会议通知和议程内容了。邮件发送完毕后，需要再以电话的形式通知与会人员，并嘱咐他们一定要确认邮件内容并及时回复。

至此，会议的前期准备就算完成了。

其次是后期准备工作，如会场布置。根据企业文化的不同，会议现场布置的方法也有所不同。有些公司在布置会场时比较人性化，甚至还会摆上水果等食品，颇有点茶话会的意味。而我所在的公司在布置会场方面比较商务化，通常每个座位上只放一瓶矿泉水、一杯咖啡，主讲人的位置要连接好话筒、电脑、投影仪等设备。此外，白板、白板笔、投影机、笔记本电脑、红外线等也是必需品。在会议开始前半个小时，我会提前到会议室打开空调和照明设备。这一次布置会场时，根据社长的要求，我还在每个座位上放了上个季度的销售数据报表。

为了避免有些人因为疏忽或其他事情有所耽搁，我在开会前半小时再次电话提醒与会人员。在会议接待时，将与会人员有序地引导到相应的位置上，避免随意乱坐造成混乱。

会议开始后，助理还有一个很重要的工作，那就是记录会议内容。在会议过程中，针对某一个议题，与会人员经常是你一言我一语，说个没完没了。如果是初做助理，对公司的一些业务以及相关术语不太熟悉，很难将全部内容都记录下来。这就要求助理能够抓住会议的要点，并在会议后将其提炼出来。

会议结束后，要给与会人员发送会议记录。对于整理出的会议记录，首先要汇报给老板，有问题的部分要及时做补充和修改，经老板确认后再发送给与会人员。

开会是为了对某一事情进行总结，或者对某一项目的执行情况进行监控，所以对于当时分配的任务一定要与当事人进行确认并定期跟进，然后把工作进度及时汇报给老板，让老板能够随时掌握会议的执行结果。

这就是我自己的一套会议安排流程，使用起来十分得心应手。

➜ 与会也是一种学习

会议服务工作从开始的筹备到中期执行，再到后期的善后工作，都是非常劳神劳力的事情。会议的每个阶段都很烦琐，而且总是有太多不确定的因素包含在里面。尤其是在时间协调方面，由于大家的工作都很忙，所以很难找到一个统一的时间。可以说，会议服务工作是非常考验助理的沟通协调能力和执行力的。

虽然有种种困难，但是助理可以通过记录会议内容了解高层人士的思维方法。对助理来说，这无疑是一个很好的学习机会。在经历过种种会议服务后，助理们就会意外发现，自己的沟通能力以及执行力获得了很大的提高。对于我来说，大大小小的会议已经开了无数次，而我也从最初的手忙脚乱变得井井有条了。

金牌助理手札

1. 因为经验不足而犯的错误是走向经验丰富的必经之路，所以即使犯错，也不必过分自责。

2. 手忙脚乱时会觉得接受挑战是很辛苦的一件事，等一切程序都熟悉且可控的时候，就会明白那段辛苦的时光正是你的成长阶段。

3. 如果想在职场上长盛不衰，就要把自己的本职业务做好。

职场金牌定律第十六条：

总是希望把事情做到「更好」，这是职场中最可取的工作态度。即便是煮咖啡、发邮件、打电话之类的小事，也要想一想能不能做得更好。面对日复一日的工作，认认真真地做每件事，就不会再对自己的工作感到无聊。

别说你会发邮件

➜ 邮件多如山只是工作的常态

进入职场后我才发现，电子邮件可能是比电话使用率更高的通信工具。不论是对外沟通，还是内部交流，都要用到电子邮件。事实上，我到SD公司上班的第一天，就被铺天盖地的电子邮件吓到了。

我曾看过一个国际数据公司在2006年的统计，全球每天发送的电子邮件总量约840亿封。在企业中，超过九成的人会在上班时接发电子邮件。助理的工作之一，就是将繁多的电子邮件分出轻重缓急，并在当天务必要做的邮件上加一个重点标识来提醒自己。

　　我和职场中的朋友聚会时经常听到大家抱怨，说自己有时一天会收到50多封邮件，并且要对其一一回复，仅回复邮件就需要1～3小时，这还不算要发送的邮件数量呢。

　　对于老板来说，接发电子邮件就更是家常便饭了。每天打开电子邮箱，上百封邮件便铺天盖地地出现在眼前。这时，老板就需要助理来帮助他管理邮件。前面已经提到，对邮件进行分类是助理的一项主要工作。将那些重要的邮件标记出来，归类到"紧急邮件"中，让老板可以优先查阅；对于一些需要开会议决的内容，助理自己要做好整理，然后交由老板决议，再根据老板的时间安排会议；对于需要下发给公司员工的邮件，助理应能够代替老板准确传达邮件的内容；而对于那些垃圾邮件，则要立即处理掉。在将这些工作全部做好后，助理便可以向老板进行汇报了。

　　有的时候，助理需要替老板回复邮件，所以一定要懂得如何写好邮件，千万不能给自己的老板丢脸。

➜ 写邮件并非难事

　　在我进入SD公司后，做的第一件事就是设置自己的电子邮箱签名。公司会要求员工使用统一的签名档模板，包括名字、职位、固定电话、手机号码、传真、邮箱、公司LOGO、网址等。

　　一开始写电子邮件时，我根本不知道该从何下手。所以，每当自己要独立完成一封邮件的时候，尤其是替老板发邮件时，总是战战兢兢，需要反复修改，生怕出现什么疏漏，给自己丢脸，也给社长丢脸。

渐渐地，我发现写邮件其实并非一件难事，只要遵循如下规则，保证你能写出一封无可挑剔的邮件。

邮件有很多种：汇报工作、请求审批、开会通知、安排工作等，不论内容如何，最终的目的都是通知别人某一事情，并得到相应的结果。因此，要达到这一目的，就必须做好以下几件事。

邮件的标题要醒目。一封好的邮件一看标题，就知道要说的是什么内容。所以，写标题很重要，一定要用最关键的词语表达正文中最核心的内容，而且标题不宜过长，要言简意赅。

写邮件一定要用书面语，这样才会显得更加正式。当我们想要商量某一件事时，通常会事先进行口头沟通，然后再以邮件的形式传送，从而确认权责分配。这么做的目的无非是避免日后出现分歧。万一遇到什么意外，邮件中白纸黑字地放着，终究也不好抵赖。再者也是为了记录每个人的工作和业绩，从而有利于年终盘点。

英语中有这样一句话，"Written is always better than oral"，大意是"笔头总比口头强"，就是因为写下来的东西可以当作证据，让人无从狡辩。

→ 群发邮件需谨慎

当助理需要通知会议或者传达老板指令时，群发邮件是最便捷的方法，这时就可以选择公共邮箱簿，收录全部收件人的邮箱地址。一般来说，我们可以接受的群发事由是：HR的通知，行政部的通知，某重要人物的离职等内容。

虽然写电子邮件给我们的沟通工作带来了很大的方便，但邮件都是保存在公司的服务器上，所以该说的话和不该说的话一定要分清楚，千万不能把公司或个人的秘密、敏感话题等内容写在邮件里。《杜拉拉升职记》里的海伦就不小心把自己的私人邮件群发了出去，导致公司全员都知道了她与自己老板的"地下恋情"，最终不得不离开公司。

所以，邮件有风险，群发需谨慎!

正因为是电子邮件都是由书面文字写成，所以措辞更要谨慎。对于公司外部的人，我们通常在写邮件时都使用尊称，并恭敬地问候，但很多人往往忽略同事之间收发邮件该遵守的礼仪。在我们看来，工作上有交集的人抬头不见低头见，有必要格外使用尊称或多次问好吗? 是的，需要! 因为这也是一种良好的职业习惯。与公司内部人员发送电子邮件时，可以多使用一些具有亲和力的措辞，让人感到这不仅仅是一封冰冷的邮件，更有一种温情的问候。比如，"Dear（亲爱的）"、"谢谢"这种词语就可以多用一些。

当人们接收到电子邮件时，是在电脑屏幕上进行阅读，不像人与人面对面地进行沟通，可以看到对方的表情和肢体语言。因此，有些时候很容易产生误会，所以更应该在措辞上格外谨慎，以免让对方感到不快，产生误解。

在电子邮件的结尾部分，人们一般会使用祝词。对外的正式邮件可以写"顺祝商祺"等，而对内的电子邮件则可用更为亲切的词语，如"祝工作愉快"、"take care（保重身体）"、"have a nice day（一天好心情）"、"best wishes（祝好）"等，都是不错的选择。

➡ 不要让别人猜测邮件内容

电子邮件的内容一定要通俗易懂，用最简单的语句把自己想要表达的意思写出来即可。写电子邮件，最忌模棱两可，让收件人去猜测这封邮件到底要说什么。如果真是这样的话，这封邮件也就变得毫无意义了。更有甚者，收件人会觉得你的表达能力有问题，从而留下不好的印象。

汇报工作的邮件是为了让老板了解工作任务的进展情况，所以一定要字斟句酌，简明扼要，千万不能东拉西扯，浪费老板宝贵的时间。但是，如果老板对于你要汇报的事情并不知情，就应把事件的背景、经过、现状和遇到的困难表述清楚。

对于请求批示的邮件，要把事件的发展情况讲清楚，同时还要把自己的困难也描述清楚，并把解决方案也一同呈上，如果有需要老板支持的事情，也应明确告诉老板。

对于开会通知的邮件，一定要把这样几个要素写进去：时间、地点、会议主题、与会人员、主讲人、会议目的、会议内容。认真检查后再发送。

对于写完的邮件内容，一定要认真检查，看看有没有字词和语法错误，以及是否说明了意图，然后再发送给收件人，这是对他人的尊重，也是对自己的负责。

总之，一封好的邮件就要做到简明扼要、层次清晰、逻辑性强、语气亲和。只有轻松驾驭了邮件，我们的职场沟通才能变得更加畅通无阻。

➜ 收到邮件，及时回复

收到邮件后，不仅要回复发件人，"抄送人"中的人也要一并回复。除此之外，收到邮件一定要第一时间给予回复，哪怕只有简单的一句：邮件已收到，也要让对方知道你已知晓此事。

"已读回执"是发件人设置的一项特殊功能。发件人在邮箱选项中选择"请求阅读收条"，就会使收件人打开该邮件时弹出一个对话框，询问："发件人请求一个收条以表示您已经阅读过这封邮件，您愿意发送一个收条吗？"这时，收件人点击"是"

选项，发件人便可收到阅读回执。

设置"已读回执"的目的就是确认对方是否收到这封邮件并进行阅读。但是，对于有些非常重要的、紧急的邮件，不要等待回执，一定要打电话进行确认，因为有些人即使阅读了邮件，也会发送"否"的"已读回执"，所以不要百分百依赖这一功能。

➡ 了解TO、CC、BCC、FW代表什么

TO，是指收件人，即与电子邮件书写内容有直接关系的人，需要阅读此封邮件时会被放在TO栏。

CC，是指抄送人，即与电子邮件书写内容无直接关系，但你又想让他们了解邮件内容的人。

比如，作为一个下属写邮件，就一定要将自己的主管老板或收件人的老板列入"CC栏"，这样做的目的既是出于尊重老板，也是得到老板的支持。有些事与其从别人口中传到老板的耳朵里，还不如自己直接写邮件告知为好。此外，这样做还有一个好处，就是让收件人考虑到老板已经知道此事，所以会在执行的过程中更加配合，而且必要的时候还能直接得到上司的支持。

CC的另一个目的是让老板知道你到底在做些什么。在职场中，不要只顾自己忙忙碌碌，老板却一无所知，还以为你整天无

所事事呢。所以，有时候"高调做事"是很有必要的。

BCC，是指加密抄送人。当你需要其他部门协助完成一件事时，"收件人"一栏肯定要有该部门的主管，因为需要得到老板的支持，同时也让该部门主管不敢怠慢，在"抄送人"一栏中就要有自己的老板。但有的时候，这件事需要自己的下属跟进，此时"加密抄送人"一栏就要加上自己的下属。

FW，是指转发。转发是我们经常用到的一项功能。比如，有人给你发了邮件，但没有抄送给你的老板，如果你觉得老板有必要知道这件事，就要转发给他。转发的时候一定要对转发邮件进行一个简短的说明，让老板了解事情的来龙去脉。

金牌助理手札

1. 发电子邮件可能是助理工作中最常见的事情了，可正是因为常见，才要格外认真对待，如果连常见的事情都做不好的话，还如何让老板放心把更重要的事情交给你呢。

2. 职场中的所有事情，如同安排会议一般，最终都要形成自己的一套流程。

3. 简洁明了的表达永远比模棱两可更受人欢迎。

一定要学会做PPT

➜ PPT很普通，也很重要

这是个全民PPT的时代，不论商业会议、企业宣传、产品推介、政府工作报告、教师讲课、学生作业、婚礼庆典、职场培训、项目竞标、管理咨询，都需要通过PPT来完成。

人们从最初的Word软件应用过渡到PPT软件，就是因为PPT使用了一种全屏幕推送信息的方式，更容易吸引观众的注意力。PPT图文并茂、声像结合，能够从多角度刺激观众的感官，并通过动态的演绎，在逻辑结构、流程结构等方面让观众更容易理解。这些视觉和听觉上的感受都是Word软件所不能实现的，所以在对外演示的时候，人们更喜欢用PPT来展现，这样更容易体现自身的专业性。

做PPT对于职场人士来说算得上是最基本的工作技能了，就如同我们吃饭、睡觉一样普通。但这项技能对于职场人士来说却十分重要，所以即便暂时用不到PPT，也应该尽量掌握其制作和使用方法。

我刚入职的时候，对于PPT软件简直一窍不通。进入SD公司以后，我就开始后悔了，为什么不早点学会这一技能呢？助理几乎每天都要为老板做PPT，开会的时候、做方案的时候……所以，很多时候是临时抱佛脚，拿着别人做好的PPT当模板，可是因为不懂得PPT的制作精髓，最后弄得东施效颦、不伦不类，被社长批评了一顿，说我做事不用心。

助理为老板做的PPT也代表着老板的颜面，因此一定要将其做好。为了在短时间内提高自己的PPT技巧，我恶补了好一阵子，买了好多书回来，也找到常做PPT的同学，向他们请教做PPT的技巧，经过一段时间的练习，我制作的PPT终于不再被老板诟病了。平生第一次，挑剔的社长表扬了我做的PPT。

所以，不怕不会，就怕不学。经过这几年的学习，我在制作PPT方面也有了自己的心得体会。

➔ 精彩的PPT一定要有精彩的标题

　　大标题是PPT首页所呈现的内容，小标题则是指每一页要阐述的具体内容。标题是每张幻灯片最核心的部分，需要用简单有力的语言来表述，字数最好控制在5~9字，多了便不好排列，显得拥挤。

　　人们常说，现在是个"眼球经济"的时代，新闻报道的标题一定要能够引起读者的注意，产品文案一定要吸引消费者的关注。做PPT同样如此，一个精彩的标题才能迅速抓住观众的眼球，让PPT更加出彩。

　　有一次，社长要我把新产品的推广资料翻译好，汇总后做个PPT发给他。推广资料的内容是新产品在抗衰老方面的五大功效，这个PPT做起来很简单，就是在PPT中分别展现这五大功效即可，所以一开始我就将大标题写成了《新产品在抗衰老方面的五大功效》。后来我灵机一动，又为大标题加了一个小标题：我和年轻有个约会。完成后，我就把PPT直接发给了社长。

　　等到开会的时候，我才发现大标题被改成了《我和年轻有个约会》，看到这个，我心里一阵窃喜，新品资料中全是中规中矩的功能介绍，所以社长应该知道这个标题是我临时加上去的。

　　会议结束后，社长果然对我说："朴小姐，你的这个小标题起得不错。"

　　助理的工作性质决定了他做PPT并不需要像策划部人员一样多么有创意，因为涉及专业业务方面的PPT会由专业的文案人员去做，而助理所涉及的更多是"第三季度销售业绩汇报"之类的PPT。尽管如此，我之后为社长做PPT时也多了一个心眼儿，如果能想到更吸引人的标题，就尽量不让PPT的大标题显得那么沉闷。

→ 制作PPT的正确方法

　　初学PPT时，我陷入了一个误区，总想着如何让经由我手的PPT更炫目一点，所以花了大量的时间去研究和学习PPT的演示特效。有一次，社长让我做一份策划方案，第二天要和经销商一起开会，我把大部分时间花在如何让动画效果更有趣上，却忽略了PPT的正文，结果那份PPT的初稿很快被社长退回来。社长批评道："这份方案重要的是策划，不是动画。"

　　我们不能在一开始就想着图片、动画效果、配色、模板等高级演示效果，而是应该先在空白页上列出目录，做出简单的逻辑结构图，明确自己想要通过PPT传递的信息。一份PPT最重要的是其表述的内容，语言明确、逻辑清晰才是头等重要的事情，即便没有炫目的演示效果，只要能准确传达信息就足够了。如果一开始就想着高级演示效果，只会浪费更多的时间在这种技巧上面，难免有舍本逐末之嫌。

另外，大家想看到的PPT绝对不是大段的文字，否则直接用Word文档展示岂不更加详细。正因为大家一看到密密麻麻的文字就感到头痛，所以我们才会通过PPT这种图文结合的新形式去抓住观众的眼球。因此，PPT要展示的内容在精不在多。

　　对于数据、流程、因果关系、障碍、趋势、时间等内容，建议全部用图片的方式来呈现。有的内容如果无法用图片表现，还可以考虑用表格。总之，在制作PPT时需要遵循的一个原则就是：图形比表格好，表格比文字好。

　　制作PPT内文时需要遵守的另一个准则是：尽量使用短句，而不是长句。曾有的人提出过一个"六六法则"，即每页PPT不得多于六行字，每行字不得多于六个单词。这条法则虽然条件有些苛刻，但也表现出了PPT用词言简意赅的重要性，所以也非常考验制作者的文字表达能力。PPT的内容一部分是演示出来的，另一部分则是需要主讲人陈述的。在演示部分，用到的词汇越少越精简，文字的冲击力就越强。

　　配色对于PPT制作同样非常重要。在配色过程中一定要把握以下标准：颜色绝对不要超过三种色彩；同一页面表现同等重要的内容时，配色也要采用同样的明度和纯度；使用对比色表现不同类别时，可使用红——绿、橙——蓝、黄——紫。

　　在为文字配色时，标题颜色要区别于正文颜色，同级标题的字号一致、颜色一致，一个句子用一色，文字颜色不超过三种色彩，并与背景色有强烈对比。经典搭配法有：黑底黄字、黑底白字、黄底黑字、紫底黄字、紫底白字、蓝底白字、绿底白字、白底黑字、黄底绿字、黄底蓝字等十种。

→ 要有设计上的巧思

有一次，公司决定参加一个公益项目，顺便宣传一下公司产品。既然是公益项目，产品宣传就不应该是重点，否则会显得过于商业化和不够真诚。对此，公司需要做一份策划说明，策划部将PPT做好之后发给社长，社长看完，仍然认为商业化的痕迹太重，希望能够在PPT中不显山不漏水地宣传公司产品。社长问我："朴小姐，你有什么好主意吗？"

刚好那天我也想到了这个问题，就暗示社长说："社长，我们公司的化妆品瓶子还是挺特别的，就连我的朋友都说了，一看到这样的瓶装设计就知道是你们SD公司的产品。"

社长若有所思地点点头："你的意思是说，在PPT中显示我们的瓶装设计？"

我点点头。这一想法得到了社长的支持，他将PPT交给我修改，我便把PPT中需要项目符号的地方全都换成了本公司极具特色的化妆品瓶身形状。于是，一个特殊的瓶身形状就这样在公益项目中潜移默化地渗透给消费者了。

➔ 关于PPT的若干原则

"Magic Seven原则"。该原则认为，每张PPT传达5个概念时，人脑接收的效果最好；传达 7个概念时，人脑恰好可以处理；传达超过9个概念时，就会给人脑带来过重的负担，此时就需要重新组织PPT。

"10/20/30原则"。该原则认为，PPT演示文件不应超过10页，演讲时间不应超过20分钟，演示使用的字体不应小于30点（30 point）。

"KISS原则"。KISS即Keep It Simple and Stupid（保持简单易懂）的首字母缩写。该原则认为， PPT的受众群体是大众化而非小众化的，目的是将自己的理念灌输给尽可能多的听众，因此深入浅出的表达才是最具效果的。

"No Mistake原则"。该原则认为，在PPT中一定不要出现小错误，比如错别字、语法错误等。错别字是最低级的错误，也是最容易被忽略的错误，更是容易被他人诟病的错误，因此一定要好好检查。

有一次，我制作完PPT后，希望策划部的同事能帮我在设计上做一些改善，于是以电子邮件的形式发给他，并写道："我冒昧地打扰您"，可没想到把"冒昧"打成了"貌美"。策划部的同事帮我修改了PPT，然后回复我："以后做PPT一定要仔细检

查。"结果就是，我的这个笑话直到现在还被他们时不时拿出来
取笑一番。

总之，做好PPT非一日之功，需要不断地在实践过程中积累
经验。如今网上也有很多关于PPT的素材，平时可以留意收集它
们，等自己制作PPT的时候就可以派上用场了。

 金牌助理手札

1. 工作时一定要开动脑筋多思考，这样才能产生更好的想
法。有想法总比没想法好。

2. 职场中的技能都可以通过学习获得，也都可以通过实践
巩固，关键是要用心，用心去做，才能比别人做得更好。

任务节点汇报的技巧

刚开始工作的时候，每当社长给我分配一个新的任务，我总是想着在有限的时间内做出最好的结果，所以经常卡着"最后期限"才上交。

但是，在执行的过程中，并不是每一件事都能办得非常顺利，中途遇到困难总是难免的。当时自己总是想，遇到困难时完全没有必要汇报给老板，而是应该绞尽脑汁想办法去解决。在我的观念中，把事情做完的那一刻再汇报给老板，会让老板觉得这件事办得很漂亮、很完美，否则，就会让老板觉得我的能力有限。

因为社长很少主动过问我的工作进度，因此在我的心目中，如果将老板按类型区分的话，社长就是那种只看结果的人，他对员工办事情的过程不感兴趣，只要把事情办好就可以了。而且，我对自己的要求很高，替老板办的事情基本没出过什么差错。不过也正因为如此，我的工作压力非常大。

→ 让老板随时掌握你的动向

然而，随着工作时间的增长，我发现，在韩国企业工作的同事都养成了一种习惯：随时汇报工作进度。有一次，我和韩国同事共同完成一项任务的经历，更让我对此有了深刻的理解，也纠正了自己以前的错误观点。

对于化妆品行业而言，媒体就是我们的喉舌，是宣传的主要窗口，因此少不得要维护这层关系，平日里都要当大爷一般捧着。有一次，公司不惜血本安排了中国A级媒体圈的20多名记者前去远在韩国的工厂访问，顺便游玩济州岛。当时，中方这边就派我和公关部的刘科长去接待，总部那边由金次长和安代理接待。

从接机到回酒店，然后安排午餐，随后再乘坐大巴去工厂。对丁这一系列的事情，金次长随时用手机发到公司的公众聊天群里，如此一来，总部社长便随时可以查看我们一行人的动向。我当时十分纳闷，心里想着，他们韩国人怎么连"吃、喝、拉、撒、睡"这种琐事都要汇报给上级啊，老板不觉得烦吗？

我们乘坐大巴前往济州岛景区时，我含蓄地问金次长："这样汇报工作会不会太频繁了？"

没想到金次长却打开了话匣子："可这就是我们韩国人的工作方式呀！工作这么多年来，我非常重视汇报工作。自己每天做了什么；对于老板交代的事情，哪些完成了，哪些没有完成，遇到了什么问题，都要一一向上级汇报。在我们看来，小到不能再小的事情，也会向上级汇报。其实，这是一种尊重老板的表现，也是获得老板信任的方式。从老板的角度来讲，事事都能向他汇报的人肯定是尊重他的人，并且是他能够信任的人。主动汇报、勤汇报工作的话，上司也能够放心地把事交付给你，因为上司总能了解到事情的进展情况，而不是费尽心力去四处打听才能了解到。这种工作方式能让上司感到踏实、放心，即便遇到一些困难也能及时了解，并立刻做出应对，而不是等到事情不可控的时候才告诉老板，把老板变成救火队员。"

我赞同地点点头，原来如此，看来这次出差收获不小。比起总部的工作人员，我这边的工作就显得太过粗心大意，到韩国后我甚至没给社长打电话汇报过情况。

➤ 老板正在等待你主动汇报

我正想着向社长汇报一下时，社长却主动打来电话询问情况，他在电话里说，"你到了韩国怎么也不打电话告诉我一声，毕竟一行二十余人，可不是小事。这次邀请的都是A级媒体圈，你作为翻译得协助总部工作人员好好完成接待任务。现在，就属你懂中文和韩文，少不了你忙活的，千万要小心谨慎，一切以服务媒体为主。有什么问题及时反馈。"

"是，社长。其实我正准备向您汇报呢。"

"韩餐他们还吃得习惯吗？"

"前几顿还行，过了两天就有些吃不消了。有几位记者问我有没有中餐，我已经告知了金次长，今晚就安排大家去吃中餐。"

"好。带大家在济州岛好好玩，多问问他们有什么需求，然后跟金次长协调，能满足的就尽量满足。"

"好的。社长，您放心吧！"

原来社长并不是对我的工作进展漠不关心，他之前的不闻不问恰恰其实是在等待着我的工作汇报。做一个掌握汇报任务节点的人，让老板随时掌握工作动态，也是工作中的重要一部分。

➔ 及时汇报为工作成果增色

所以，在之后的行程中，我坚持每天向社长做定时汇报。那几日的接待工作，我配合金次长完成得很好。媒体朋友对此行感到非常满意，对我们的工厂生产线也有了进一步的认识，了解到我们的每一道工序都是多么地严谨、一丝不苟，知道了平日里我们用的瓶瓶罐罐是如何生产的，这对我们化妆品的品牌推广是非常有利的。

我的接待工作做得很出色，但由于汇报工作不到位，因此回国后挨了社长的批评，而金次长完成接待工作后，却受到了总部社长的夸赞。

有时，即便工作做得再好，因为不会做汇报，也会让工作变得黯然失色。也许有人会觉得，经常向老板汇报工作的人过于势利、投机取巧，只不过是在讨老板的欢心。但是做一个合老板心意的人，往往可以事半功倍，又何乐而不为呢？

对于一个不拘小节的老板来说，不及时汇报也许不算是严重问题，可一旦遇到喜欢猜忌、没有安全感的老板，不主动汇报工作就是死路一条。对于这种老板安排的工作，如果你没能主动汇报、及时汇报，老板就会怀疑下属目中无人，不够尊重他，甚至有可能认为下属别有用心，而老板一旦起了戒心，就会对你心存芥蒂，从而对你越来越疏远。

古语说："今日事，今日毕。"站在老板的角度来讲，就是不希望一件事情布置下去，却没有任何结果，就这么毫无期限地拖延下去。对于老板布置的某项工作，如果下属没有任何异议，在老板看来就是可以按时完成的。在任务节点时没有汇报，老板就更以为没有任何困难，工作进展顺利。可是到了规定的时间，下属却支支吾吾，没有完成工作，那么老板必定会大发雷霆。下属原本有那么多时间可以汇报问题，却没有汇报，现在即便找出千万种理由，都已经毫无用处，反而适得其反。

→ 汇报工作也讲究时机和方法

及时向老板汇报工作也能体现出一个人的基本素养、工作态度、工作能力，以及汇报前的准备情况。老板对你的汇报看似漫不经心，其实一字一句都听得仔细着呢。事实上，老板常常会通过工作汇报评估某一职员的工作能力。如果忽视汇报工作，即使埋头苦干也未必能获得老板的"欢心"，甚至有可能为自己的职业前景蒙上一层阴影。

对于助理来讲，每天都有无数件事情需要向老板汇报，汇报工作就如同家常便饭一样。所以，一定要掌握好汇报工作的时机和方法。

工作汇报最好是在老板有空闲时间的时候进行，且不要超过限定时间。对于老板布置的任务量大、完成时间长的工作，不要等有了结果才汇报，而是要每天汇报工作进度，让老板能够心里有数。

在完成工作的过程中，遇到突发事件或一些变数要及时汇报，如果可以在汇报前就想好解决方案就更好了，这样既反映了问题，又解决了问题，更容易获得老板对你工作的肯定。

对于老板布置的工作进行分析评估后，如果觉得无法按时完成，就要立刻告知老板，以便其能够及时调整工作安排。对于不能按时完成的工作，不要等到老板过问后才不得不汇报，而是要立即汇报，并说明不能完成的原因以及当前的进展情况，并预估一个可能完成的时间。

所谓工作节点汇报，就是在工作进行到一定程度的时候及时向老板汇报。关于工作节点汇报，有一种叫"四小时复命制"的方法，即对于老板布置的命令，不管是否完成，都要在规定的时间内向老板汇报，一般来说，汇报时间据老板布置任务的时间不应超过四小时。

完成工作后，也要向老板汇报。如果在完成过程中出现无法克服的困难或阻力，并预估到可能无法完成工作，也要及时向老板汇报，好让老板在判断形势后，重新布置工作任务。

"四小时复命制"的核心意义就在于有命必复。一项工作任务布置下来，就一定要汇报。当然，工作汇报不用必须在四小时之内完成，之所以说"四小时复命制"，无非是提醒人们及时汇报的重要性。工作汇报是具有时效性的，只有及时汇报才能达到最大效果。当你完成了一项棘手的工作任务，或者解决了一个疑难问题时，立即向老板汇报的效果是最好的，如果一再拖延汇报时间，即使后来做了汇报，老板也可能已经失去对这件事情的兴趣了，你的汇报也难免有画蛇添足之嫌。

汇报的方式要根据老板的特点而定。就我而言，建议先用口头的方式进行汇报，然后再以电子邮件的形式形成书面汇报，老板可根据需求选择看或不看。口头汇报的最大优点是可以双向互动，在汇报过程中，老板针对不太理解或有异议的部分可以随时发问；书面汇报则要求报告内容思路清晰、观点流畅、逻辑性强，让老板可以短时间内掌握报告的核心内容。

对于做工作汇报，有一点需要大家注意。有些人嘴皮子功夫了得，汇报的时候总要添油加醋地把事情说得很夸张，借此来抬高和炫耀自己，这种行为是绝对不可取的！这样的做法虽然能获得老板的一时称赞，但终究会留下隐患，不仅影响到老板的正确决策，还有可能影响汇报者在老板心中的形象。所以，实事求是是工作汇报的重要原则。

 金牌助理手札

1. 人在职场，首先要学会汇报工作，把汇报工作当成自己的工作习惯。

2. 人都有力不能及的时候，当你真的不能完成某项任务时，一定要主动向老板说明。

3. "三人行必有我师"，要多向职场前辈学习经验。

职场金牌定律第十九条：

人们总能为学不好外语找出诸多理由：懒得学，没时间学，嫌麻烦不爱学……最终的结果就是，人们往往为此错过许多机遇。任何荒唐的借口都不能掩盖没有努力的事实，想要更上一层楼，就必须锲而不舍地努力追求。

掌握一门外语很重要

→ 精通外语是外企的敲门砖

在很多人眼中，进外企工作是件相当"高端、大气、上档次"的事情。因此，很多毕业生希望自己能够进入外企，但当工作机会终于出现时，却往往被"语言关"挡在外企大门之外。在面试中，HR会对面试者进行诸多方面的考量，其中最重要的一个环节就是考察面试者的外语表达能力。对于大部分老板是外国人的外企来说，这个要求并不过分，如果语言关过不了，又如何与老板顺畅地进行沟通呢。

所以，要想日后在外企中有所发展，就必须通过"语言"这一关。从中学到大学，我们一直都在学外语，学了十几年，到底学成什么样了呢？事实上，除了少数外语专业的学生以外，大部分人的外语登不了大雅之堂。也正因如此，那些遍布大街小巷的外语培训机构才有了存在的价值。

对于身为朝鲜族的我来说，在语言上占了一个大便宜。我平日里所说的朝鲜语跟韩语属于同一种语言，可以说我生来就会讲两种语言，再加上十几年的英语教育，以及在大学时辅修的第二外语——日语，我便掌握了四种语言。虽然我的英语和日语谈不上精通，但进行日常的交流是没有问题的。因此，我在语言方面具有相当大的竞争优势，而这也是我挤掉其他五位候选人、成功进入SD公司的原因所在。

➜ 因为出色的翻译而备受瞩目

有一次，SD公司要举办一次大规模的商务宴会，就连会长都特意从韩国本部赶过来出席活动。会长是一名六十多岁的老人，完全不懂中文，所以必须有人陪同进行全程翻译，社长便把这个重任托付给了我。

日常生活用语对我来说肯定没问题，但是因为有一个环节是会长致辞，所以宴会开始前一个小时，会长私下问我："朴小姐，现在紧张吗？待会儿不会怯场吧，不会语无伦次吧？"

我对会长说："会长，请您放心，我读书的时候经常参加校

园演讲比赛，在全校几百人面前演讲，积累了很多经验。万一我到时候紧张，假想成是在参加演讲比赛就可以了，把台下的那些来宾都当成学生，您就是校长。"

会长听完，哈哈大笑地说："这是个好主意。"

对我来说，把韩语翻译成汉语，这是在说自己的母语，所以根本不会紧张。

致辞开始了，我站在会长的斜后方，会长说一段话便停下来，然后等我翻译给大家听，这时全场几百人的目光都会集中到我身上。

会长有时会说很长一段话，不过我仍然能记住并翻译给大家。致辞结束，台下响起一阵掌声，我想这其中也有一部分掌声是属于我的吧。

随后，社长也做了简单的讲话，一部分是用中文直接说的，另一部分则是用的韩语，这部分也需要我来翻译给大家听，那天我真是备受瞩目。

晚宴正式开始后，好多人过来跟我碰杯，夸奖我翻译得很好，我谦虚地说："哪里哪里。"汉语和朝鲜语对我来讲都是母语，自然不会有难度，但是在别人眼中，我能把这样一个小语种翻译得如此精彩，简直像同声传译，实在是不容易。

社长对我的表现也很满意，他告诉我："即使聘请外面的翻译人员，效果也不会比你翻译的好。"其实，在老板心中，找到一位得力的助理实在是件值得庆幸的事情。助理的工作做得出色，也是为老板的脸上增光。

→ 早起的鸟儿有虫吃

虽然朝鲜语和韩语是属于同一种语言，如今也渐渐产生了一些不同。虽然在语法结构上没有任何改变，但是在词汇的使用方面确实与以往不同了。现代的韩国人"哈美"倾向非常重，很多单词不做翻译，而是直接使用音译。所以，要想完全听懂韩语，还要加强英语方面的学习。社长工作十分繁忙，仍坚持每周聘请两次家教学习中文。跟随这种永不满足、追求上进的老板，身为助理的我也不得不加油，努力提高自己各方面的修养和能力。否则，自己跟社长的差距就会越来越大。

为了能够抽出时间学习外语，我选择每天早上提前一个小时到公司，把社长的办公室整理完毕后，距离正式上班时间大概还差40分钟。我就利用这个时间，泡上一杯香浓的咖啡，打开电脑开始学习英语。选择早上学习是因为工作繁忙，往往下班后还需要加班，而且社长应酬的时候也需要陪同，所以不好掌握时间。但是早晨的这段时间是完完全全属于我个人的，安安静静的办公室里，阳光从窗外洒进来，为学习营造了一个轻松、惬意的环境。

我觉得，经过学校里十几年的英语学习，职场人士要提高自己的英语水平，只需要在单词量和口语表达上面多下功夫即可。

如今网络发达，很多学习资源在网上就可以找到，而且是免费的，所以没有必要花大量金钱和时间去外语培训机构学习。

但是，对于那些意志力不够坚定，又觉得学外语比较枯燥的人，也可以选择到外语培训机构学习，多人一起学习也可以增加学习氛围，又有老师监督，从而提高学习效率。同时，这也是扩大社交圈的好途径。

记得刚入公司的时候，我只会说点简单的口语，但是三年不间断的学习，竟然让我的英语水平得到极大提高，现在独立写一封全英文的邮件或翻译英语资料已经完全不成问题。那些年的外语积累为我日后的职业生涯开启了另一扇门。

➜ 外语也是一种核心竞争力

一份针对四千多名白领的抽样调查显示，白领的外语水平并没有想象得那么高。其中，英语达到六级以上的公务员仅占14.6%；各类经营管理人员中，能熟练掌握外语的仅占19%。调查还显示，白领的实际动手能力、适应能力也不高。凡此种种，使得一些白领在工作中遭受挫折，或是在新的工作面前没有足够的自信，从而产生"本领恐慌"。

在职场中，大家每天都很忙碌，加上各种复杂的人际关系，一天8小时应付下来都会感到身心疲惫，除了娱乐、放松根本不想做其他事情。所以，很多人宁可下班后在家看无聊的肥皂剧或者打网络游戏，也不愿分出一点时间，用在提升自己的能力上。

　　其实，所谓的"太忙了""太累了"，在我看来都是借口，都是安于现状、没有危机意识的表现。如今的社会发展迅速、新人辈出，企业对职员的能力要求也水涨船高，如果没有一点核心竞争力，拿什么跟别人拼职场？就拿自己那点儿可怜的工作经验吗？有了时间的沉淀，谁都会有工作经验。因此，只有核心竞争力才是真本事。企业不是讲人情的地方，而是拼实力的地方。无论是硬实力还是软实力，一个都不能少！

　　想要在跨国企业赢得一个席位，外语自然是一块至关重要的敲门砖。也许突然有一天，就能在关键时刻大放异彩。

 金牌助理手札

　　1. 在职场中，我们要面对很多门槛限制，需要丰富的工作经验，需要熟练的外语能力……已有的经验和能力只是敲门砖，敲门进去之后就全凭自己的付出和努力了。

　　2. 做自己擅长的事情时会很自信，也因自信而更加专业，这是良性循环。

　　3. 提前到岗不仅仅是尊重工作，也是尊重自己。每天抽出一段时间用于学习，日积月累，一定会有回报。

职场金牌定律第二十条：

相较于各方面能力比较平均的人，人们更容易注意到在某一方面特别优秀的人，这就是全面型人才和专业型人才的区别。而对于助理来说，仅仅全面是绝对不够的，必须有特别擅长的领域，正是这种『特别擅长』，才能让你迎来新机遇。

突出自己的专业

➡ 一招鲜，吃遍天

助理，给大家的印象就是那个站在老板身后默默无闻的存在；一个按部就班、庸庸碌碌、缺乏个性、整天忙于日常琐事、无一技之长的角色。

其实，这只是大家对助理职业的偏见而已。助理的工作远比这些内容更为复杂。老板接到一项新任务时，助理要协助进行调查研究，掌握最具体的一手资料，并能从繁杂的信息中归纳整理出最关键的东西；当老板面对各种选择犹豫不决时，还要替老板分析利弊，帮助他做出最有利的决策；面对各种会议、对外宣传、报告、邮件，助理需要有扎实的文字功底，为老板准备出精彩的稿子；在社交方面，助理要懂得为老板维护各种人际关系，解决复杂的人际矛盾；此外，助理还是老板的先遣队员，必要时协调沟通各种问题，把老板前进路上的障碍铲平。总之，助理既要有纵观全局的视野和理念，又要能细致入微地做好服务工作。

但是，人们总是会落入这样一个定式：有的人每门成绩都是85分，而另一些人大部分成绩是80分，却有一门成绩是100分，在这两者之间，人们往往更容易关注后者。

助理的工作也是如此。我们就是那种每门功课都是85分的人，哪方面的能力都不差，但是因为缺少一个突出的技能，就显得存在感很弱。只有掌握了这个技能，并将其提高到100分的程度，助理的工作才能引人注目了。

➡ 经验也有用武之地

小瑜在一家时尚杂志社做编辑，她在一次活动中认识了一位房地产公司的女老总，这位老总看中了小瑜出色的办事能力，把她挖去做了助理。

这位女老总不到四十岁，单身，虽说身材高挑而容姣好，但总是把自己打扮得老气横秋，显得比实际年龄大了十岁。按她自己的说法，这样做是为了显得更加成熟稳重。有一次，小瑜私底下悄悄跟老总沟通，告诉她如何搭配服装才能看起来更年轻，老总采纳了小瑜的意见，觉得效果不错。于是，小瑜这个助理不但要处理老总的日常事务，还承担起了她的服装搭配、造型等工作。因为之前做过时尚编辑，小瑜在穿衣品位方面的鉴赏力自然不俗，她的能力也得到了老总的认可。自此以后，无论出席何种场合，这位老总都要先咨询一下小瑜的意见，然后根据她的意见进行着装打扮。圈里的朋友们都说，小瑜简直快变成老总的私人造型师了。

有一次，这位老总要与一位男士约会，约在一家高档西餐厅共进晚餐。老总翻箱倒柜找出了所有存货，搭配了好几身衣服摆在床上，就是不知道选择哪种搭配最适合。于是，她打电话向小瑜咨询，小瑜当时正在外面逛街，接到电话后二话没说就赶到老总家里。小瑜看到摆在床上的一堆衣服差点没喷血，因为和老总的关系不错，就揶揄道："怎么全是黑色正装，老大，你是要跟男性友人去约会，又不是去谈判，搞得那么庄重做什么。"

老总说："我也觉得不太合适，所以才叫你来帮我参谋一下。"

小瑜说："这些衣服都不适合。约会的时候要展现女人温柔、优雅、大方、性感的一面，你的衣服都太过商务化了，会让对方感到拘谨，不太适合今天这种轻松的场合。"

所以，她们决定立刻去附近的商场重新购置一套服装。小瑜帮老总选了一件象牙白色的无袖连衣裙，配了一个长长的珍珠项链，再搭配一双肉粉色的细高跟鞋。这位老总本来底子就好，穿上这一身衣服整个人都显得端庄、优雅了许多，一个平日里叱咤风云的女强人一下子变得女人味十足，彻底改头换面了。看着镜中的自己，老总也感到非常满意，开开心心地约会去了。

认识老总的人都觉得她最近变化很大，无不夸她越来越漂亮、越来越年轻，她也毫不吝惜向别人透露自己的秘诀，说这完全得益于她身边有一个懂得服饰搭配的专业人才。渐渐地，她圈子里的人都知道了一个对时尚颇有研究的助理，名字叫小瑜。

所以，无论之前从事过什么样的工作，收获的经验都是一份宝贵的人生财富。不要荒废了这些经验，或许它们与现在的工作技能毫无关联，但总有一天会派上用场。只要加以合理利用，这些过往的经验就成为你职业生涯中的一件法宝。

→ 缺失的存在感

有一次，社长需要我陪同出席一场商务晚宴，但是社长当时并不在公司，所以我只能自己赶到晚宴地点。结果我比社长先到，就在酒店大门口等着他。

这时，一辆商务轿车停了下来，走出两名男士，分别是某化妆品网站的李总监及助理。我们在中国化妆品高峰论坛中见过一次，当时在社长的介绍下我们互相打过招呼。因为对方是化妆品网站的总监，维护好与他们的关系非常重要。出于礼节，我走过去和他打招呼，而此时他刚好回头与助理交代着什么，完全没有看到我。幸好他的助理看到了我，向我这边指了指，李总监才礼貌地朝我打了个招呼，但显然他完全不记得我是谁了。

当时，一种莫名的情绪涌上心头，自卑与愠怒交杂在一起。这些人根本不记得我，他们认识的只是当时跟在社长身边的那个小助理，主角没在场，我这个配角也就显得无足轻重了。

这让我彻底明白了一个道理：离开了老板的助理，就像离开了太阳的月亮，褪去光环，也失去了存在感。所以，要想获得别人的认可和尊重，四平八稳的助理显然不够，必须拿出实力，证明助理不是可有可无的摆设才行。

→ SD的外交发言人

在一次新闻发布会上，社长要做新品发布的发言，我是学新闻出身，曾经在媒体实习过，对媒体的工作方式比较了解，也能够准确捕捉到媒体关注的新闻点，这让我在应对媒体的时候非常得心应手。我花了一整夜的时间反复修改新闻发言稿，结果就是社长很满意，媒体争相报道，业内人士一致好评。

还有一次，我参与了公司的危机公关，社长觉得我在处理这方面事务时思路清晰、处置合理，就尝试让我一点点接触对外公关的业务。

如今，公司举办新闻发布会都是由我跟媒体沟通，关于发布会上要说的内容及访问环节中的回答，都由我事先为社长准备好。

另外，在学校的时候我曾学过播音与主持的相关课程，也接受过专业老师的培训，所以在发音吐字方面非常突出。在学校里，我还经常参加晚会主持以及演讲比赛等，即使再多的人坐在台下，我也不会怯场。所以在新闻发布会上，我总能表现得十分从容，通过几次活动，社长看出了我在这方面的素质，就安排我去主持公司的各项活动和官方发言。

自此，大家给了我一个响亮的称号——"SD的外交发言人"。

再后来，我又在化妆品高峰论坛上遇见了李总监，社长过去跟他打招呼，李总监看到站在一旁的我，打趣道："这位就是SD的外交发言人朴小姐吧。"

 金牌助理手札

1. 时刻表现出自己的专业素养，或许机会就在不远处招手。

2. 老板在工作时间之外对你的"打扰"，正是增进你们之间关系的好时机。

3. 有时候，挫折可以成为激励自己奋进的理由。

4. 在每一件小事中体现出自己的专业素养，哪怕只是改个新闻稿，做好了小事才能做好大事。

职场金牌定律第二十一条：

不把细节当回事的人，对工作一定是敷衍了事，缺乏认真的态度。小事不想做，大事做不来，所以注定失败。成功人士总会注重细节，因为细节决定着事业的成败。

细节决定成败

➜ 即便没有专业的出身，也要做到专业的细致

　　鉴于上海自由贸易区在税收方面能够给予很大的优惠政策，所以经过高层研究，最终决定在上海注册另一个法人实体。社长咨询了法律方面的事物后，决定把公司所有人员的劳动合同转移至新公司的名下，同时转移几百人的劳动合同可不是一件小事情，而且转移的前提是要参考原来的劳动合同，从而在日期上与原合同保持一致。

　　不知道出于什么原因，社长竟然让我来接这份苦差。从我的角度来讲，这件事其实不是我的分内之事；而从人力资源总监的

角度来讲，是自己的分内之事被别人抢走。因此，这个决定确实有点让人"丈二和尚摸不着头脑"。

不管怎样，既然社长把这项工作交由我来做，我就含糊不得。人力资源总监转发给我一张《劳动关系签订表》和一把钥匙，电子版表格里记录着公司员工劳动关系的签订情况，纸质档案则锁在档案柜里。

看着眼前庞大的表格和堆积成小山的档案袋，我的心里好像有无数只蚂蚁在爬来爬去。这是我的一种强迫症，对于自己负责的事情，如果不能处理得井井有条，便会感到焦虑不安，没有安全感。

如果没有"强迫症"，表格还是表格，只需要把新的信息继续录入更新即可；档案还是档案，只要锁没坏、钥匙在，安安全全地锁在柜子里即可。可是到了我这个"强迫症"手里，一切都成了问题：我不能确定表格和档案之间的准确联系，便无法继续更新信息。于是，我决定花一周的时间来整理旧档案。在这一周中，我每天加班到凌晨，总是最后一个离开办公室，终于将近500份劳动关系档案和表格一一对应上，并重新按部门、按职务整理好，再重新锁进柜子里。旧文档整理好后，我又把新版的合同做成电子版，打印、装订好，并按部门分类，锁在文件柜里。

人们常说"成大事者不拘小节"。其实，正所谓"一屋不扫何以扫天下"，只有注重细节，将每一件小事做好，才能在大事上有所成就。而对于那些不注重小节的老板来说，身边有一位注重细节的助理就显得尤为重要。在助理的脑海里，应该没有"小事"这种概念，任何小事都是大事，只要是自己的工作就要全力以赴做好，不能有一丝一毫的懈怠。认真做好自己的每一项工作，与老板形成工作上的良性互补，也许，有一天机会就会悄悄降临到自己身上了。

➡ 针尖上打擂台，拼的就是精细

随着社会科技的发达程度不断提高，搜集信息对每一个人来说都不是什么难事，所以很难突出自己的优势。这时候，人们就往往把关注点放在细节上。很多小事，你能做，我也能做，但做出来的效果却不同。其实，人与人之间的那一点差别，往往就在一些细节上，正是因为这些细节，决定了人们不同的命运。

现如今，细节已经成为企业在竞争中占据优势的关键，所谓"针尖上打擂台，拼的就是精细"。不管是企业还是员工，想要在日益激烈的竞争中屹立不倒，细节是绝对不能缺少的。

海底捞的成功验证了一句话，那就是：细节决定成败。每一次光顾海底捞，我都被他们细致入微的服务所震撼。排队等候的时候，服务员会给客人送上瓜子、水果、饮料、爆米花等零食，提供跳棋、军旗、扑克等娱乐用品，还会为女士美甲、为老人安排舒适的座椅，让每一位客人都能感受到海底捞无微不至的关怀。所以，在那里坐着等上两三个小时，也没有人抱怨过。用餐时，服务员看到女士披散着头发，就会主动送上皮筋，为戴眼镜的朋友送上眼镜布。我想，人们之所以都爱去海底捞，在很大程度上是源于他们体贴周到的服务。

火锅店满街都是，味道大同小异，但是大家宁愿排队两三个小时也要选择到海底捞，就是因为海底捞把服务细节做到了极致。海底捞就是把一件简单的事情不停重复，并在重复的过程中总结、纠正，最终达到满意的结果。

→ 突出服务的细节，才能赢得专业的赞赏

注重细节对公司来说尤为重要。一位在公关公司上班的朋友，跟我讲述了这样一件事情。

不久前，一家美国的卡车公司想要打入中国市场，他们需要在中国做一些推广宣传工作。在北京，大概有10家公关公司想要拿下这个项目。美国总部派了10人小组到中国考察，一家一家地访问参与竞标的公关公司。虽然是短暂访问，但朋友所在的公司丝毫不敢怠慢。行政部接到任务后，从办公环境到会议准备，将每一个小细节都做到完美。考虑到美国人爱喝可乐，他们还特意到超市买了一箱，并且额外准备了一些冰块儿；又考虑到访问时间被安排在下午两点，正是犯困的时间，所以他们还准备了咖啡机。

除此之外，他们公司还注意到了另一个细节。由于公司所在的大厦只有两部电梯，而且都是公用的，平时等电梯需要很长时间。为了使客人来访时能够直接搭乘电梯，行政部专门安排了一名员工在一层大厅守候，以免电梯被别人占用。

访问结束时，他们公司还给每位来访者准备了一份小礼品。为了挑选这份礼品，行政部门也费了不少心思。公司的副总裁曾经交代，"找一个有中国特色又不让人觉得收到后感到负担的小礼品"。接到任务后，他们部门就开始集思广益，把福娃、茶叶、京剧脸谱、琉璃工艺品、风筝、茶具、中国结、福字、刺绣等想了个遍，最后副总裁决定选择刺绣，而刺绣的图案则是一条龙。因为说到中国，老外首先会想到龙，所以比较有代表意义。

后来，美国客户随行的中国助理对朋友公司的副总裁透露，之所以选择他们公关公司做推广，并不是因为他们的方案最优秀，其实各个公司的方案都差不多，只是他们的服务意识最强。美国客户认为，在接待上能为他们服务得如此周到，为客户服务的意识也一定很强，所以最能站在消费者的角度考虑问题，做出满意的推广应该不是难事。

注重细节是一种工作态度。每一天，我们似乎都在焦急地等待着被委以重任，来施展自己的抱负、尽显自己的才华，这原本无可厚非。但是，在现实中，我们每天所做的大多是一些微不足道的小事，这时有的人就开始自怨自艾。对待平凡琐碎的工作，缺少热情、敷衍了事，却不知道机会往往就在这些无谓的嗟叹中悄无声息地溜走了。更何况，没有企业会喜欢工作态度消极的职员，对于这种人，企业当然也不会为其设计职业远景。

 金牌助理手札

1. 接到老板命令后，无论是不是自己所擅长的领域，都要下决心把它做好，因为老板这样分配任务也有他的原因。

2. 注重细节并不是吹毛求疵，而是要在完善细节的过程中发现问题、解决问题，这才不枉费"过分认真"所花费的时间。

3. 工作中的不完善无异于自掘坟墓，短时间内可能没什么不良后果，但那些不完善其实已经成为了把柄。

职场金牌定律第二十二条：

在职场工作，如果不积极主动，就容易被定性为懒惰、没上进心、不够努力；但太过主动，又会说成有心计、爱表现、抢功劳。"主动承担"应该是员工必备的良好素质，但是过度使用它，就会变质，成了"越俎代庖"。如何掌握好二者之间微妙的区别，小心不越过界限，可是个技术活儿！

主动做事与越权指挥

➡ 守住自己的本分

助理身处敏感地带，常被外人恭维成"二号首长"。可如果真的行使"二号首长"的职权，距离被真正的"首长"收拾也就不远了。

在我当社长助理还不到一年的时候，有一次社长把我叫过去说："咱们公司的休息区太简陋了，好像平时大家也就在那里热热饭，利用度不高。不如把杂物室收拾出来，做成休息区使用。让大家在工作之余也可以喝点东西、聊聊天，放松一下。你盯着行政部的相关人员，本周内把这事给办好。"

　　"是，社长。不过在布置上有什么特别的要求吗？"

　　"添置点沙发、茶几、椅子，弄得温馨舒适点就好！这也是给员工的一个福利，你们花点心思，好好布置一下。"

　　我将社长的要求传达给行政部。行政部把杂物室腾出来后，就开始采购行动了。行政部严部长每次到宜家采购的时候都会带着我，还说："美玉，你们年轻女孩眼光最好了，跟得上潮流，而且你对社长也最了解，所以社长喜欢什么样的风格你肯定能把握好。"严部长给我戴的这顶"高帽子"瞬间让我变得轻飘飘了，挑选家具的时候我表现得异常积极，好像在为自己添置家具似的。在选择沙发的时候，我与严部长在价格上产生了分歧，其中一款沙发2000多元，另一款6000多元，严部长觉得6000多元的太贵了，但是我觉得这款沙发面料柔软、座位宽大，非常舒服，很适合放在休息区。

　　最终，严部长提议道："要不要给社长打个电话，请示一下啊？"

　　我说："社长现在跟客户打高尔夫呢，估计也听不见电话。哎呀，你不用担心，社长肯定喜欢这款的，我看他家书房的沙发就跟这款很类似。"

　　在我的坚持下，严部长最终买了6000多元的沙发，回到公司布置完，休息室果然焕然一新，整体风格显得十分温馨。第二天一大早，我就请社长去参观休息区，社长看后露出满意的笑容。"嗯，不错。"然后他的注意力就移到了沙发上，"这个沙发看起来很不错，多少钱？"

我得意地说："6099元。"

听完这个数字，社长当场就翻脸了："什么！谁做的决定？你把严部长叫到我办公室来！"社长气哄哄地离开了休息区。

我当时吓得腿都软了，这事跟严部长一点关系都没有，完全是我自己的主张，我可不能让严部长背这个黑锅啊！当然，人家也没有理由替我背这个黑锅。

我没去叫严部长，在休息区定了定神，然后追上去跟社长说明了事情经过。我想，电视剧里不都是这么演的吗，初入职场的"小白菜"犯了错，主动向老板认错，老板一心软就原谅了她。可现实不是电视剧里的故事，社长没有被我的诚实打动而原谅我，而是把我骂得狗血淋头。

"我命令你，现在就把沙发给我换掉，马上！"

我低着头，甚至不敢看着社长。还好是正规厂家，可以在7日之内更换，否则真不知道这事要怎么解决。

➡ 积极主动是好事，但拍板还需请示老板

事后，我把这件事说给一位前辈听，他与社长的反应相同，高呼："你疯了！"看来，这件事的确是我做错了。"你这丫头胆子够大的，擅自做主，你这叫'越位'，知道吗？"

"前辈，什么叫越位啊？"

　　"本不该由你做的事情，你却给做了，这就叫越位。尤其是关乎权限方面的事情，更为敏感。你的身份是助理，不是老板。人家给你仨瓜俩枣，你就搞不清自己的位置啦？"

　　"可是，社长只是说弄得舒适一点，这是给员工的福利。"

　　"你要明白，老板永远是想花小钱办大事，这是商人永恒不变的哲学，其他说辞都是围绕这个主题的。你却自己做主，让老板大出血，简直就是把主次给颠倒了，他能乐意吗？再说了，你就没想过严部长为什么每次都带你一起去买家具吗？人家就是不想越位决策，才找你这个挡箭牌的。你倒好，自己送上门了，傻不傻？"

　　"原来是这样。看来，姜还是老的辣啊！"

　　"有些冠冕堂皇的话听听就可以了，千万不能上心，否则连自己是谁都不知道了。"

　　"好的，被社长一顿臭骂，我也该长点记性了。"

　　"年轻人都会犯错误，以后在这方面注意点就行了。我上班的头几年也犯过这种错误。"

　　"哦？您也犯过这样的错误？"

　　"嗯。当时我在一家广告公司做策划。有一个紧急的项目，我们整个策划部加班加点做出了一个方案。第二天跟客户谈方案时，经理就带着我一起去了。他是主讲，我在旁边配合补充。客户的问题非常多，经理只是拿到了最终方案，并不知晓过程，而我则是全程跟进这个方案的，所以，当时我就失了分寸，把经理摞在一旁，自己侃侃而谈。客户倒是挺满意，但是，这却把经理彻底惹恼了。他是个心胸狭窄的人，有人稍微冒点头，他就会打压下去，何况我在客户面前的那番表现。于是，自那以后他就把我视为眼中钉了，处处给我穿小鞋、使小绊儿，真是让我身心俱疲。我觉得在那里不会再有所发展了，几个月后便辞职了。"

前辈说，作为下属，一定要摆正自己的位置。也许你认为这是在帮老板，可是在老板看来就是抢了他的"风头"，从而心生不悦。做下属就要守好本分，积极主动是好事，但拍板还需请示老板。总之，若不想在工作中陷入困境，就要清楚哪些是属于越位的表现。

无论什么时候，助理都只是参谋，老板才是最终的决策者。助理只要帮助老板分析问题、提出建议或方案就可以了，最终的拍板决策还是要由老板来完成。千万不要以为老板给了一点权限，就能够越权指挥，这样只会为自己种下"隐患"。

➜ 摆正自己的位置

为什么会产生"越位"的情况？其实原因很多。有的老板喜欢当"甩手掌柜"，把权力过度下放给助理；有的老板能力过于平庸，不得不仰仗身边的助理；有些助理觉得自己有几把刷子，就开始目中无人，擅自替老板做主；有些助理则过于单纯，不分场合地积极主动。其实，不管是老板还是助理，都应该摆正心态，认清自己的位置。作为助理，就应该能够退居幕后、甘当配角。

在职场中，一定要扮演好自己的角色。是主角，就唱主角的台词；是龙套，就配合主角跑好龙套。明明是龙套，却要抢唱主角的台词，最终只能因为"越位"被踢出局。

 金牌助理手札

1. 接到老板命令后主动做事没有错，但一定不要越俎代庖，替老板做决策。

2. 保持冷静的头脑非常重要，不能因为别人的夸奖而忘记自己是谁。

3. 遇事多向老板请示，多请示好过少请示，不请示就容易"越位"。

第四章
CHAPTER FOUR

让助理变得不可或缺

当助理成为老板的习惯时

➜ 被需要才有价值

本位思维是人的一种本能，所以大多数人想事情、做事情，都会从自己的角度出发。也正因如此，我们很容易就陷入一个误区，就是把自己想象得很重要。在我有限的工作经历中，就看到很多这样的案例：有些人被公司辞退了，但他们却无法接受任何原因，而是一味地纠结"凭什么开除我"，甚至会偏激地认为"开除我是公司的损失"。虽然这样的自我安慰能让人心情好过一些，可是"止痛片"不能无止境地吃下去，长久的自我催眠对自己毫无益处。

　　"重要"这个词，从来不是主观的，它一定要从他人口中说出来才有意义。所以一个人是不是很重要，自己说了不算，而是要看是否被他人需要。

　　"朴小姐，给我来一杯美式咖啡。"

　　"朴小姐，把这些发票整理一下，送给财务部陈经理。"

　　"朴小姐，通知市场部的人三十分钟后在第一会议室开会。"

　　"朴小姐，找个图片社把本季度的产品推广方案打印15份，要装订成册子。"

　　"朴小姐，十五分钟后我要出去，安排司机在门口等我。"

　　"朴小姐，跟M百货的总经理联系一下，看看这周日是否有时间一起打高尔夫。"

　　……

　　就这样，"朴小姐"每天都要被社长呼唤几十次，有的时候我都害怕听到"朴小姐"这个称呼，因为这意味着又有一堆事情要办。可是抱怨归抱怨，这也正说明了社长需要我，而我是一个有价值的人。一个人在职场不被需要，就意味着距离被"炒鱿鱼"不远了。

　　进入SD公司三年多的时间，我从来没用过年假，因为平日里社长总是需要我忙前忙后，根木没有时间享受假期，有时甚至连周末都不能休息。社长本人就是个工作狂，除了在春节这样的重要节日要回国与家人团聚，剩下的时间几乎都是在工作。作为助理，他也理所当然地认为我也应当处于同一种工作状态下，随时

会给我打电话布置工作，我的休息日也就在随时待命的状态下勉勉强强地度过了。

入职第一年，我是新人，需要不断学习、迅速成长。新人就要有新人的姿态，所以没有假期也无所谓。

入职第二年，我在职场中已经成熟起来，帮助社长打理的事务也越来越重要。假期来了，工作却停不下来，假期就这样泡汤了。

入职第三年，我觉得自己需要休息了，便计划把前两年积攒下来的年假连在一起，再加上一个法定小长假，足足有一个月的时间。

我的这个休假申请一提出来，社长就愣了，我猜他肯定是在想："你走了，工作怎么办？"可是很快，他就露出了平和的笑容，然后批准了我的请求。

做助理固然要有任劳任怨的精神，但人毕竟不是机器，总要劳逸结合，当压力和疲劳积攒到一定程度以后，就应该休息休息，放松一下心情，舒缓一下工作压力。其实，休假也是为了能以更饱满的精神应付以后的工作。社长也并非铁石心肠的人，知道我这几年跟着他很辛苦，也没享受过公司的休假福利，因此毫不犹豫地答应了，还嘱咐我要好好玩、彻底放松。

➜ 习惯是一种默契

在我休假期间，暂定由行政部的小江接替我的工作。走之前，我列了一份工作清单，并仔细交代了每天的工作。

一切安排妥当，我原以为可以享受一个假期了，可是我的电话依旧铃声不断。一会儿是社长打来的，一会儿是小江打来的，不是这份合同找不到，就是那个联系方式没有了，总之，问题是一个接着一个。

后来，小江满怀同情地对我说："美玉，真不知道你之前是如何熬过来的。社长也太挑剔了，批评我煮的咖啡不好喝，可是我已经按照你说的做了，黑咖啡加一颗糖，社长还是不满意；每日简报做得没有逻辑；明明是装订好的文件，已经放在办公桌上了，却让我重新装订一份……"

其实，听到小江的抱怨，我甚至有一些窃喜。当助理成为老板的习惯时，也就变得不可或缺了。在某种意义上，换助理就是换多年养成的习惯，难免一时不适应。

习惯不是一天两天养成的，可一旦养成，就很难再有改变。在我休假的第五天，社长给我打了电话："朴小姐，你能不能提前结束休假？"虽然十分不情愿，但是社长亲自打了电话，我也只好提前结束了休假。

社长见到我后开心极了，中午特意同我一起用餐，还半开玩

笑地说："朴小姐，喝习惯了你泡的咖啡，突然换了口味，就感觉整个早晨都不愉快啊。"

听社长这么说，我当然很开心，但还是谦虚地表示："这也是日积月累培养出来的习惯，记得我刚入职的时候，社长也对我泡的咖啡意见多多呀。"

社长听完我的回答，突然改变了话题，对我说："嗯，你知道吗，对于企业管理来说，团队的默契也是一个很重要的成本资源。因为默契可以减少沟通的时间成本，提高效率。比如，我跟你要文件，但不用特意叮嘱从右侧装订。这种事情，原则上是不需要浪费时间去沟通的。可是，新助理破坏了我这个习惯，也影响了我的工作情绪。

这只是小事，有很多工作，默契的配合就如同齿轮间的咬合一样高效，不默契的配合却是错误的齿轮，会极大地降低效率，甚至导致失误。我们现在之所以默契，是因为曾经付出过这种沟通成本，并且达成了默契。对于任何团队来说，这种默契都是宝贵的财产。"

社长就是社长，就连解释让我提前结束休假的原因，都能讲出一套管理理论来。但是不得不承认，对此我还是受益良多。

→ 能力越强，责任就越大

从岗位设置的角度上讲，我的工作职责已经远远超出了普通助理的范畴。除了在办公室里端茶倒水、打字复印，还负责社长的日常生活安排。除此之外，我还有三个身份：一是社长的随身翻译，如果有总部老板来视察或者韩国客人拜访，我都要全程陪同；二是社长的决策参谋，负责准备前期资料，参与后期策划；三是社长的商务搭档，陪同他出席各种商务场合，周旋于各种人脉关系之中。诸多身份，让我每天忙得连轴转，时间久了，不仅精力体力吃不消，太多的琐事也让我的工作效率降低了。

"朴小姐，明天要用的那个方案，整理好了吗？"

"对不起，社长，我把今天的文件和简报整理完，马上就做。"

这种情况发生的频率越来越高，但社长仍然不断地把更复杂的工作交给我，让我的工作量越来越饱和。最终，社长意识到了问题的所在，在我结束休假的第二周，他把我叫到办公室，对我说："朴小姐，我再招聘一位助理如何？"

我没明白社长的意思，一时哑口无言。

社长半开玩笑地说："再招一个助理，让她接替你负责一部分基础工作，这样你就有更多的时间做更重要的事情了。简单说，就是你给我做助理，再找个人做助理的助理，如何？"

我也可以有助理了吗？助理的助理？这是公司在为我"因人设岗"啊！终于有人能帮我分担一些工作了。当老板认为你的时间和精力应该被用来做更重要的事情时，那就说明他看好你，觉得你能承担更大的责任，发挥更高的价值。

就这样，一位新助理接管了我端茶倒水、接听电话、发送文件等工作。按前辈的做法，我照例要为下一任助理做好交接。于是，我也制作了一个《助理手册》：

1. 社长爱喝黑咖啡，放一块儿糖，糖要和咖啡一起煮，而不是咖啡煮好后再放糖。

2. 前天晚上社长若有应酬，第二天一定要准备一听冰可乐，这是他独有的解酒方式。

3. 待批阅的文件夹放在左手边，已通过审批的文件夹放在右手边，右手边的文件要尽快下发。

4. 文件的装订位置要在右上方。

……

我细数着一条条注意事项，如同第一天上班时前辈交代我一样，一瞬间仿佛有了一种时光穿梭感。看着眼前的新助理，就像看到了当年的自己，不同的是《助理手册》的内容已有了改变，因为很多事项是我这个助理为社长培养起来的。看到这些，自己颇有些成就感。

➜ 如何提升与老板的默契度

工作中最常见的情况就是上下级不合拍。老板想的是东，下属想的是西，很难与老板合拍。因此，老板会觉得下属不给力，而下属会觉得老板要求高，从而使双方关系产生裂痕。

这种不合拍会造成极大的成本浪费，就如同社长为我分析的那样，上下级之间需要不断地解释指导和反复地沟通交流，才能使双方对同一工作的理解趋于一致。这不仅造成沟通成本的浪费，也极有可能无法达到预期结果。

那么，如何与老板培养默契度呢？时间当然是一个因素，却不是最主要的因素。不管是两个人还是一个团队，默契度的形成都依赖于目标的一致。说白了，就是大家能够想到一起去。

每个人都有独立的思想，再加上各自知识、阅历、社会角色等因素的影响，因此在一个团队中，人与人之间很难想到一起去。要想让大家保持目标的一致，都必须有足够的责任心和信任度。作为助理，自己的责任心与老板的信任度，将是与老板之间形成默契度的关键所在。

 金牌助理手札

1. 永远不要抱怨老板布置的任务太多，你所做的一切老板都看在眼里。

2. 有些事情看似吃亏，实际上却可以受益匪浅。将眼光放长远一些，在取舍之间做出最正确的选择。

3. 当一个人的工作职能变得越来越重要，就离升职不远了。

职场金牌定律第二十四条：

危机中既有「危险」也有「机遇」，越是紧急的时刻，越能考验一个人的能力。在面临突发事件时，具备较强的应变能力已经成为职场的必备技能之一，缺乏应变能力的人终将被职场淘汰。

正确应对突发事件

➡ 能够及时挺身而出

身为助理，在企业面临突发事件的时候，必须做到能够正确应对突发事件，不管是临危受命，还是主动承担，都要以最快的速度化解危机。可以说，处理突发事件是对助理心理素质、应变能力、协调能力、判断力、控制力等综合能力的一次考核。

记得有一个周末，我正躺在沙发上看书，手机铃声响了，是公关部的小哲打来的。我皱起眉头，一种不祥的预感突然袭来，如果不是公司有事，小哲很少给我打电话的。

"小哲你好！"

"美玉，不好了，出事了。顾客投诉咱们的美白精华面膜，被某网站的美容频道曝光了。"

我心里"咯噔"一下。对化妆品行业而言，用户体验和用户口碑尤为重要，客户使用化妆品后出现不良反应是媒体最为关注的，而且网站的传播速度又非常快，短时间内一传十十传百，对我们很不利。如果处理不好，辛苦好几年打造出来的品牌很可能就毁于一旦了。日本某著名品牌的护肤品就是活生生的案例，一场危机没有应对好，最终整个品牌都撤离了中国市场。

小哲继续说："美玉，我们部长休假去了欧洲，这事儿比较紧急，我看得直接向社长报告，可我已经给社长打过几个电话了，都没人接，你有什么办法可以联系到社长吗？"

这么重大的事情，一定要汇报给社长，但解决方案还是需要下面的人来提供。所以，着急是没有用的，必须先采取措施。助理是平日里和老板接触最多的人，老板面对紧急情况时是如何处理的，助理最清楚，也学得最好。面对突发事件，当老板不在时，助理就应该发挥作用。这时，助理就代表着老板。

"小哲，先别着急，现在公关部千万不能乱。这样吧，你先召集公关部的人到公司，不管用什么办法一定要联系到网站，把报道给撤下来。今天是周日，很多媒体没有上班，所以转载量还不是很大，不过也要查清楚总共有几家媒体转载，找到他们的联系方式，协商把文章撤下来。明天就是周一了，咱们还有一晚上的时间，明天一旦传播开就没法应付了。另外，准备一份声明，大体内容就是公司很重视这个问题，正在进行调查，会给公众一个满意的答复。声明部分等社长确认后再发布。最后，那个顾客的联系方式一定要拿到，我们需要了解清楚事情的原委，看看能不能私下解决。我这边马上联系社长，一会儿我们在公司见。"最后，我又补充了一句，"找到那些一直与我们合作的公关公司，让他们也介入联系媒体。"

"好的，美玉，保持联系！"

我随后给社长拨了电话，还是无人接听。我记得周五为社长预订了温泉酒店，便马上给社长的司机打了电话，确认社长确实去了温泉酒店，并在那里留宿，让司机回家了。

我对司机说："你马上去温泉酒店，给社长打电话，如果还是没人接，就找酒店管理人员，无论是直接敲门还是广播寻人，一定要联系到社长，然后直接接他回公司，我会在电话里跟他说清楚的。"

司机也意识到出了急事，马上开车去了温泉酒店。然后，我打开电脑，把之前小哲说的那篇报道找了出来。报道的内容大概是这样的：北京的李女士在商场专柜买了我们公司的美白精华面膜，敷面膜30分钟后开始出现不良反应，面部红肿，冒出了小红疙瘩……

如果李女士是过敏性肤质，那公司完全有理由正面回应这篇报道；但如果是产品本身所含的成分有问题，那我们将面临一场重大的品牌信任危机，这对公司来说简直是一场灾难。

联系到社长后，我在电话里把事情的来龙去脉说清楚，并告知社长，由于之前无法联系到他，我已经先让公关部采取了措施。下午，社长赶到公司，立刻开始询问事情的进展情况。

我说："这是以公司名义做的声明，请社长过目。"

社长看了看，说："声明还可以缓一缓，没必要现在就出。"

经过几个小时的奋战，事情终于被平息下来。网站撤下了之前的报道，李女士也联系到了，由于我们态度诚恳，并承诺给予一定的赔偿，最终双方签订了保密协议。

事情解决后，社长特意夸奖了我一番："朴小姐，这次你做得非常好，我真没想到你在面对突发状况时还能做得那么到位。"

➜ 总结经验教训很有必要

解决方案的达成和实施并不意味着危机处理过程的结束，对公司来讲，总结经验教训同样是一个重要的环节。这个环节之所以如此重要，是因为企业可以从中发现经营管理存在的问题，并有针对性地进行改进和提高。因此，这样的总结是一次难得的经验积累，对应对下一次突发事件有着很强的借鉴意义。

在大家的努力下，危机终于得到圆满解决。随后，我们又开了一个总结会。在会上，社长下令彻查为什么会出现这种状况，是否是产品质量出现了问题，为什么之前从未出现过。

关于这件事，我也有一些自己的心得。首先，要早发现、早汇报。一旦发现突发事件，必须在第一时间向相关部门报告情况，再由部门和高层组织协调，商量应对的办法。这次事件是小哲发现的，由于公关部部长正在休假，所以第一时间想到了汇报社长。

在事情处于萌芽阶段时，往往是最容易解决的。一旦事态没有得到有效控制，必将产生更为严重的后果，届时再想圆满解决已经十分困难了。解决问题，最有效的手段就是控制源头，通过控制源头防止事态的进一步恶化。而这个源头，除了发布报道的网站，还有当事人，在和网站周旋的同时也要第一时间联系当事人，搞清楚事情的原委，采取补救措施。

在职场上，我们每天都要面对各种各样的问题，有些只是日常工作中的小问题，而有些则像达摩克利斯之剑，你无法预知它何时会掉下来，会产生多么严重的后果。面对突发事件，助理必须具备高度的责任感、果断而正确的判断力，以及冷静沉着的头脑。

越是危机时刻，越能体现出一个人解决问题的能力。所以身为助理，决不能做一个旁观者，而是要挺身而出，用智慧解决问题，让自己打一场漂亮的胜仗！

金牌助理手札

1. 俗话说，"好事不出门，坏事传千里"。在网络时代，"坏事"传播得更快，如果处理不得当，势必酿成大祸。

2. 面对突发事件，老板不在时，别人可以急，助理不能急，因为助理是老板的代表，必须沉着冷静，做出最正确的判断。

3. 处理完突发事件后，必须及时总结，为以后的类似事件积累经验。

职场金牌定律第二十五条：

与生活中的情况不同，在职场中提建议几乎是每个人的职责所在。提建议意味着对工作有态度、有想法，不管建议是否被采纳，积极提建议的人总是会受到老板的青睐，而那些对什么事都默不作声、摆出一副『与我无关』态度的人，不管原因是什么，都会被老板认为是缺乏责任心的下属。

好建议也要有好方法

➜ 助理是被提问最多的人

在职场中，每一个员工都会不断地被自己的上级提问，或征求意见，或解答难题。因此，不管处在哪一个岗位，向老板提建议都是不可推卸的责任，这也是受雇用者智力贡献的一部分。

只不过，我们常常被"人微言轻"和"谦虚低调"这样的观念束缚着，不愿积极地表达自己。尤其是在老板面前，总担心自己说错话露了怯。另外，员工往往认为老板更有能力，解决困难是其职责所在，却忽略了自己本身的职责。

令人懊恼的是，很多时候，当我们有了自己的想法，并自认为可以有所建树时，却在反复酝酿斟酌中错过机会。我同样经历过这类情况，尤其是在刚刚成为社长助理时，经常被社长问道："朴小姐，你怎么看？"

每当这时，原本默默站在一旁、全神贯注等待社长指令的我，像是被突然惊醒一般。因为我的大脑正处于待命状态，所以根本没有思考社长的问题。

需要注意的是，助理提建议的时候也要考虑周全，千万不能只凭着满腔热血，就不择时机、口无遮拦地发表自己的见解，那样只能适得其反。好的建议也需要正确的时机，恰当的表达才会被人接受，如果好的建议因表达时机不当而未被接受，也就失去了"好"的意义。

在职场中，如果一味地自以为是、不掌握分寸、不讲究方式，即便个人能力非常出色，也不会获得老板的认可，只会招来老板的嫉妒或反感，从而使自己的职场道路走得倍加艰辛。所以，身为职场人，不得不掌握一些提建议的小技巧。

➜ 每个老板都喜欢恰当的建议方式

市场部的韩部长是从韩国总部派遣过来的，他跟随社长多年，是社长的得力爱将。但是，据说刚开始的时候，社长并不喜欢韩部长。有一次，在韩部长的生日聚会上，大家喝了一点酒，聊得也比较尽兴，韩部长就开始回忆在韩国和社长一起工作时的情景。那时韩部长刚进入公司没多久，就因为工作能力突出而备受社长的重视。有一次，社长因为某件事陷入窘境，想听一听韩部长的建议，于是就把韩部长叫到办公室。

对于这件事，韩部长早已私下做过分析，想到了一个比较好的解决方法，被社长一问，便开始侃侃而谈，甚至有些忘乎所以。韩部长一边向社长提建议，一边强调说："这可是我经过深思熟虑之后得出的结论，肯定不会错的，您就只管接受吧。"那时候，韩部长丝毫没有留意社长脸色的转变，更没有意识到自己说错话了。社长想要听到的是有用的建议，而不是扬扬得意的显摆，于是冷冷地说："好了，你先出去吧。"

韩部长顿时蔫了，悻悻地走出办公室。没过几天，公司针对这一问题开会探讨，社长把韩部长提出的建议公布出来，得到了大家的认可，社长还当众表扬了韩部长。会后，社长走过韩部长的身边，说了一句话："好的建议，我必然会采纳，如果再配上好的方式，我会更喜欢。"

韩部长这才意识到自己的表达方式出了问题。社长正焦头烂额地向他寻求帮助，作为下属的他却没有体察老板的情绪，毫无顾忌地高谈阔论，这能让老板心里舒服吗？

社长并不是个心胸狭窄的人，他喜欢自己的下属有想法、有能力，但是他更喜欢低调和严谨的人。其实，任何一个老板都不喜欢爱炫耀的下属。从此以后，韩部长开始注意自己的行为方式，献计献策时态度也谨慎了许多，并且给社长留有余地。于是，他和社长的关系变得越来越好。现在他们不仅是职场上的好搭档，更是生活中的好朋友。

听了这些陈年往事，我突然很有感触。从某方面来说，我能在社长身边做助理这么长时间，还是有原因的。我从来不是张扬、高调的人，正是这种低调、谨慎的特质，才让我在助理的职位上越来越得心应手。

→ **学会悄悄地提建议**

伍德罗·威尔逊是美国第28任总统，他是一位出了名的强硬派。在他身边总能看到一位如影随形的下属，那就是他的助理豪斯。豪斯是一个聪明又低调的助理，他明白，面对这样既有才能又自负的总统，决不能在公开场合趾高气扬地提建议，更不能因为自己想到了好办法而居功自傲，一定要在私下场合悄悄地把建议一点一点渗透给总统，在自己的建议被接纳后更要格外低调。只有让老板不丢面子，老板才会给你面子。

豪斯在晚年总结与威尔逊沟通的经验时说："从根本上说，我不愿意称那些方案是由我提出来的。这不是为了讨威尔逊总统的喜欢，也不是为了照顾他的情绪。我的建议充其量只是一粒树种，要长成参天大树，必须有土壤、水分、空气和阳光。公平地说，只有威尔逊总统才有这些条件，才能将树种变成参天大树。我只不过是把树种移植到了威尔逊总统的意识里。"

在职场中，很多人对老板将自己的构想据为己有愤愤不平、心生不满，其实这都是非常不成熟的表现。如果老板采纳了你的建议，你应该对此感到高兴，因为这证明他对你的构想是认同的，即使嘴上不说，内心里也会赞赏你的优秀表现。只要能够长久地为老板提供好的建议，总有一天会实现自己的价值，获得老板的提拔。

退一步说，为上司提建议、辅助老板完成任务，本来就是助理的本职工作，所以一定要端正好心态，摆正自己的位置。如果硬要抢风头，最终也只能落个不识大体、不自量力的"罪名"，从而与老板交恶。长此以往，迟早有一天老板会借着"体面地"借口，让你"体面地"离开。

➔ 提建议要选好时机

在公司中，助理可能是与老板交流最多的人，给老板提建议时也同样需要掌握技巧。只有选对时机，才可以达到事半功倍的效果。

一个人心情愉快的时候往往更容易接受别人的建议，所以选择在老板心情好的时候提出看法或建议效果最好。若老板表现出厌烦的情绪，就要点到为止了，切忌操之过急。老板也是个有喜怒哀乐的平凡人，所以不要轻易破坏他的好心情。

不要以为老板发出求助信号，就可以不管不顾地大肆炫耀才智。韩部长刚入职时就犯下了这样的错误，幸亏社长不是个心胸狭窄之人，才最终化干戈为玉帛。有时，老板说让大家随便提意见，其实是在试探大家，所以这时候一定要注意自己提建议的方式。在提建议的时候要注意自己的语言和神态，充分尊重上级的感受，用分析问题的方式缓缓道来。

当老板遭遇失败而求助时，心情肯定非常低落。这时候应该更多地表示出与老板同样的心情，然后以诚恳的态度提出建议，让老板感受到你的真心实意。如果表现得过于自信，只能让老板认为你在幸灾乐祸，效果也就适得其反了。

金牌助理手札

　1. 提建议是把双刃剑。提得好，老板会高兴；提不好，还会遭受池鱼之殃。

　2. 老板心里都明白，提建议是为了公司的发展，但往往只有恰当的提议方式才会被采纳。

做一个倾听者

→ **比说话更重要的是倾听**

除了帮老板打理工作中的琐碎事务，助理在老板和职员之间还扮演着沟通桥梁的作用。老板的意见要传达下去，需要通过助理；职员的意见要反馈给老板，也需要通过助理。听明白了老板的意思，才能准确地往下传达；倾听员工们的真实想法，才能有效上报给老板……沟通和交流对助理来说就像家常便饭，因此，掌握谈话技巧就十分重要。对助理来说，倾听是有效沟通的第一步。那些擅长沟通的人，不单单是因为他有能说会道的好口才，也有善于倾听的好习惯。

➜ 倾听是维护人际关系的妙法

职场关系很微妙，你的一言一行，甚至一个眼神，都能给这层关系蒙上阴影。

有一次，我正在翻译总部发来的新产品资料，社长要求我翻译完成后马上发给他。这时，品牌部的严科长走到我面前，忧心忡忡地说："社长让我们部门做一个公益活动方案，上周已经把相关方案递交给社长了，但是一直没有得到任何反馈，不知道是哪里有问题。小朴，你从社长那里听到什么风声了吗？"

我当时正忙着翻译资料，紧盯着电脑头也没抬就回答说："社长没跟我提起过关于这份公益活动的事情。"

看我如此冷漠，严科长说了句"哦"，就转身离开了。

当时由于自己的工作很紧迫，也没有太过在意。可后来有几次与品牌部打交道，我就觉察出严科长对我很冷淡，跟我交流时的态度也很官方，不像其他人还可以开个玩笑，我需要一些资料的时候，他也总是搪塞。我自己还挺郁闷，想不通他为什么这么对我。

后米，有一次我和品牌部的金代理一起吃饭，无意间聊起了我的困惑，这才得知原来是因为上次公益活动方案的事情。那次方案是严科长独立负责的，因为我们公司是第一次要做公益活动，之前也没有这方面的经验，严科长为了做好这个方案已经熬了几个通宵，眼睛都熬红了，但是交上去好多天，社长一直都没给出反馈，所以严科长心里就很忐忑，担心自己的方案做得不够好。老板第一次把这样重要的机会交给他，他不想把事情搞砸了，这才来找我打听一下"内幕"，结果我这边完全没有理会他内心的焦虑，视若无睹、冷冷回应，让他心里很不舒服。

于是，我反思了一下。即便自己对策划方案一事一无所知，无法回答他的问题，也应该用理解的眼神看着他、安慰他，给他几分钟时间，认真倾听，让他把自己的忧虑全部说出来，缓解一下情绪，而不是连眼神交流都没有。就如同我每次挨批评、受委屈或感到心理压力大的时候也会找前辈倾诉，如果前辈对我的话不理不睬，或者看都不看我一眼，不给我任何共鸣，我是不是也会感到失落、受伤？那么，我从此以后还会再找前辈诉说吗？肯定不会了。

每个人都需要一个友善的、具有同理心的听众，能把自己心中的话说出来，同时也得到回应，从而缓解巨大的压力或苦闷。心理学家已经证实，倾听可以使倾诉者缓解压力，也可以使倾诉者理清思绪。

倾听对方的任何一种意见或议论都是对他的尊重，以理解的心情倾听别人的谈话，不仅是维系人际关系，也是保持友谊的最有效的方法，更是解决冲突、矛盾和处理抱怨的最好方法。

如今的社会太过浮躁，生活在社会中的人亦是如此，能够静下心来把对方的话听完实属不易。在工作中，我们总会遇到与自己看法不一致的人，但不得已还是需要和他们一起共事，当对方在说话的时候，我们不能因为与自己的意见不同或者没有心思再听下去，就打断对方。这样做不仅不礼貌，也无法使别人放弃自己的主张来迁就我们。很多问题源于沟通不畅，为了解决出现的问题，需要花大量时间去解释，把误会化解，反倒是得不偿失。倾听是需要态度的——一种耐心的态度。

→ 给出自己的意见

我的表姐在三星公司的客服部上班，我们曾经一起聊天的时候，我问她每天接那些投诉电话不烦吗？虽然通情达理的人不在少数，可是，遇到那些难缠的客户又该怎么办？

表姐说，他们部门有一个明文规定，就是在接到客户的投诉电话以后，无论客户语气如何，都不能打断客户的话，一定要耐心听完，然后再给出相应的解释或说明。别人正有一大堆的话急于说出来，此时要想插一嘴，无异于火上浇油。所以，我们必须耐心听完对方的话，甚至还要鼓励他把意见完全表述出来。等对方把该说的话都说完，然后确认自己是否理解了对方的全部意思，再发表自己的意见也不迟。

还有，客户在抱怨的过程中，你还能收集到关于产品的反馈信息，只有耐心倾听，才能收集到完整的信息，或许这就是提高产品质量和性能的契机。所以，每个客服部的工作人员接电话时，都要准备好纸和笔，把客户提到的问题记录下来，并在下班前将问题归纳总结，汇报给部门主管。如果没有耐心倾听对方的话，又怎么能够收集到有用的信息呢？

听完表姐的话，我自己也受益匪浅。其实在工作中，作为助理常常要替老板唱"黑脸"，他人难免有意见。虽然大家都知道这些事是老板的意思，可见到我还是忍不住抱怨两句。每当这时候我都会认真听完他们的牢骚，再将其中有益处的话反馈给社长。

➜ 善于倾听才能发现细节

社长是个很注重倾听下属意见的老板，常常挂在嘴边的口头禅包括"说来听听"、"我们讨论讨论"、"我想听听你的想法"以及"我对你所说的很感兴趣"。每当他说这些话的时候，职员们都会觉得受到了鼓励，因此会谈论更多内容。久而久之，跟在社长身边的我也养成了这样的口头禅，对别人的谈话内容做出延伸性的回应。比如，在倾听的过程中使用"嗯"、"噢"、"我明白"、"是的"或者"挺有意思"等，来认同对方的陈述，这是友好交往的一个开始，也是能让自己给对方留下深刻印象的机会。

我的朋友是杂志社情感专栏的一名编辑，虽然她个人的情感生活很简单，但是她在自己的专栏当中总能写出复杂、丰富的人物情感。这并不是完全依赖于她的想象力，而是因为她能够在日常生活中细心观察、认真倾听身边的人和事。她总是不轻易放过任何一次倾听的机会，静静地坐在那里，从对方的情感诉说中发现要写的故事。

在很多陪同社长出席的社交场合，我都会站在旁边仔细聆听他们的谈话内容，并且总能捕捉到一些有用的信息，从中了解对方的喜好。如果之后在业务中有所接触，我便能用恰当的方式打动他们。

→ 倾听的技巧

有些人在对方说话的时候总是迫不及待地想要结束对话，或者极力想表达自己的想法，这是一种非常无礼、不尊重别人的表现。在对方讲话时，也十分忌讳左顾右盼、不注视对方，或者一直紧盯着自己的手机发短信或收邮件。此外，不要在对方说话的时候给对方挑错，更不要在对方说出幼稚言论的时候冷笑。

倾听不只是听，还要有一定的眼神交流和适当的回应，这是为了提高对方谈话的性质，引导对方能够继续说下去。如果一个人说话的时候倾听者毫无反应，只是木讷地听着，那么很容易让说话的人意识到自己没能够引起对方的兴趣，从而变得沮丧起来，本来有一肚子的话想要倾诉，结果全给憋回去，不好意思再谈了。

想要做好倾听者，应该掌握以下两种倾听技巧。

第一，注意说话者的面部表情和肢体语言。一个人可以说违心的话，但他面部表情和肢体语言不会说谎，这些符号往往能直接表现出一个人真实的情感。所以，作为倾听者，我们应该学会通过这些肉眼可以察觉到的信息，领会对方想要表达的真实想法。

第二，复述他人说过的话，这是为了让对方知道，你已经正确理解或领会了他想要表达的意思。尤其是当老板发布命令的时候，更应该及时、有效地进行重复，因为人们在倾听过程中很容易遗漏信息。据说，有90%的人存在一般沟通信息的丢失现象，75%的人存在重要沟通信息的丢失现象。所以，在恰当的时候复述一下对方说过的话，会让对方感受到你对他的重视和愿意倾听的态度。

倾听是一种低调的处世哲学，是对别人的理解和包容，是给予诉说者的一份尊重。倾听不仅是给对方一个表达自我的机会，也是加强彼此沟通和获取信任的良好契机。无论什么时候，只有善于倾听的人，才能创造出和谐的人际关系。

金牌助理手札

1. 倾听具有一种神奇的力量，可以让人获得智慧和尊重，也能够赢得对方的信任和真情。

2. 管住嘴巴少说话，张开耳朵多倾听。助理是老板的参谋，想要掌握更多有用的信息来献计献策，就要留意对方谈话的细节。

3. 不仅仅要倾听声音，还要留意面部表情和肢体语言。

职场金牌定律第二十七条：

职场如江湖，看似风平浪静的表面下却往往暗流涌动。有句话说得好，『不怕不站队，就怕站错队』。职场中要面临的选择并非表面上看起来那么简单。选择对了，会助你一臂之力；选择错了，就可能万劫不复。聪明的人总能做出最正确的选择，聪明的助理则会永远站在老板身边。

永远站在老板身边

→ 在需要做选择时，别让老板为难

老板不是圣人，而是商人，只会用商人的思维去考虑问题，即用最小的投入获取最大的产出，一切以利益为重。所以，老板喜欢的员工肯定是能把他的利益放在首位的人。而在老板处理问题时，也千万不要期待他能够做到完全的公平合理。

SD公司每年都会根据绩效考核的总成绩评选出2名优秀员工，这2名优秀员工除了公司发放的奖金以外，还能获得老板的特殊奖励，即1万元的学习基金。虽然员工们不会刻意为这个学习基金拼命干活，但是能够获得"年度优秀员工"这一荣誉，也确实是一件值得骄傲的事，毕竟这是对自己一年辛勤工作的肯定。

今年的绩效榜单上，市场部的Mark排名第一，我和销售部的林跃并列第二。此前，公司里还从未出现过这种情况，这让人力资源部的洪部长很为难，就如实汇报给了社长。社长听完这份报告也颇感头痛，摆在他面前的只有两个选择，要么牺牲自己的钱包，要么在并列的两人中删减一人。一个是全能的贴身助理，另一个是销售达人，在两者之间做取舍也确实够为难社长了。

看到绩效排行榜后，我就在想，对于公司来说显然是销售达人更为重要，况且销售部的人一向觉得自己才是支撑公司发展的骨干，如果让我和林跃平分奖金，他的心里肯定会不平。如果我是社长的话，从全局考虑，也会说服助理从大局出发放弃这个名额。

与其等着社长来说服我，倒不如我顺水推舟做个人情，主动提出让贤，既能体现自己的高风亮节，又能让社长心里愧疚，欠我一个人情。所以，我主动找到社长，提出舍弃自己学习基金的名额。社长听到我的决定后，果然大为感动，夸我识大体，这几年没有白培养，并承诺以后肯定还会有机会。

至于以后这样的机会还能不能轮得我，这我不敢保证，但是眼前我的选择肯定是最让社长满意的。既保住了他的钱包，又没有得罪销售部的人。我想，我离社长心中真正的优秀员工又近了一步。

➜ 尊重老板的选择

在职场中，站队问题总是困扰着我们。"人非圣贤，孰能无过"，老板也是凡人，所以肯定也会有犯错误的时候。但是无论老板的决定是对是错，助理都应该坚定地站在老板这一边。

公司的副社长肖军是一个地地道道的北京人，在化妆品行业摸爬滚打了近十年，掌握着很多行业资源和渠道资源，这些资历使得他成为公司唯一一个敢跟社长叫板的人。他从内心里不服社长，也不认同韩国人的做事方式，觉得韩国人办事太过较真儿，不懂得灵活变通。最初，总部派到中国来开拓市场的韩国人确实不懂中国国情，瞎指挥工作，总认为中国员工在专业度上不如韩国员工，因此在工作中也带有偏见，无法在年度绩效考核上做到公平公正，从此种下了祸根。

所以，SD公司早就形成了两大派别，即以社长为首的韩国帮和以副社长为首的中国帮。虽然表面上大家都和和气气的，但是背地里却是竞争激烈。不过，即便肖军看不惯社长的做事风格，但无奈自己只是副手，有时候也不得不屈从于社长的权威。

一直以来，化妆品都是以在商场、超市、专卖店、美容院等场所的实体店销售模式为主，这种传统销售模式在品质上可以得到保证，但销售成本也相对较高，所以一直无法实现利润的最大化。近几年中国的电子商务市场获得了飞速发展，商家也开始越来越频繁地接触电子商务市场，我们公司也不例外。但在接触网络营销平台的问题上，肖副社长和社长之间却产生了分歧。

　　肖副社长觉得我们公司目前单品数量只有20多种，所以最好直接利用第三方电子商务平台进行产品销售，这样做的好处就是进入门槛低、花费少、见效快，适合中小型企业采用。而社长的意见是公司自建电子商务平台，可以利用现有的网站做推广，一旦网站建成，就会积累大量的客户，给企业带来巨大的利益，同时对企业的长期发展也起到巨大的推动作用。一个是追求短期利益，一个是追求长期利益。虽然各有利弊，但是就目前公司的产品情况来讲，还是肖副社长的意见更为实际一些。

　　公司就这个问题开会讨论了好几次，很多人支持肖副社长的建议，觉得社长的想法过于理想化，几番讨论下来也没得出个所以然。肖副社长着急了，因为他已经跟几个电商开始洽谈合作事宜，但社长却迟迟不做决定。

　　有一天，肖副社长找到我，说："美玉，有空吗？我们去楼下喝杯咖啡吧，旁边新开了一家咖啡厅，甜点很不错。"

　　平时我跟肖副社长在工作上的交集并不多，但是他看我平时工作那么忙，还经常被社长责怪，所以偶尔也会给我一点同情。就凭这个，我也不能拒绝他的盛意。

　　坐下来喝咖啡时，肖副社长东拉西扯地说了半天，说我工作不容易，这几年受了很多委屈，但在别人的地盘上就免不了要低头。我觉得他的话里话外都有点拨乱反正的意思。当甜点吃到一半的时候，肖副社长终于进入正题了。

他说："美玉，你怎么看这次电子商务平台推进的项目？"

我心里跟明镜儿似的，肖副社长的方案占优势，但是，站在我的立场上怎么能说社长的不是？于是，我只能装傻："我一个小助理，哪儿懂这个啊。我就是一个做执行的人，最怕发表什么意见之类的了。"

"美玉，我想让总部介入这件事情，你能不能找个机会跟总部说一下？其实我也是为了公司好，第三方的网络平台我已经开始谈了，再这么拖下去，好条件就都被别的化妆品公司抢走了。"

"您说的也有道理，只不过与总部的交涉一般都是由社长进行的，我不能越职啊。"

"没关系，我给你写内容，你只要翻译完发给韩国总部的姜社长就可以了。"

肖副社长的话都说到这份儿了，如果我还不答应就有点太不识抬举了，于是我就点头答应了。

老板不爱墙头草

虽然我口头上答应了，但内心还是很纠结。如果按照肖副社长的指示去做，那么对社长来说无疑是一种背叛，以后在社长眼里我就是一个"叛徒"；如果不答应，肖副社长肯定会怀恨在心，日后少不了给我制造麻烦。这是个两难的选择，但就事论事，我觉得肖副社长的方案是可行的，只不过作为社长的助理，如果连我都不站在社长这一边，那么社长可就是孤家寡人了。

经过几番思量，我决定还是得让社长知道这件事情。宁可辜负肖副社长对我的信任，也不能让自己的老板孤军作战。更何况，即使我不答应肖副社长，他还是会通过其他人联系总部，到时候社长就是腹背受敌了。肖副社长暗地里不服社长，社长心知肚明，若让肖副社长抢了先机，社长在总部的地位也会受到影响。所以，当天晚上我就打电话把这件事告诉了社长，不管平时他对我多么严苛，关键时刻我还是要加入他的方阵。由于我及时通报，社长先下手为强，主动把这件事汇报给了总部，至于是怎么汇报的，我就不清楚了，结果就是先用第三方平台试水，自主开发电商平台的方案也暂时保留。

在职场中，有些人选择A队，有些人选择B队，谁也不能保证站队有什么好处，但站错队肯定没什么好下场。不过，有一点是肯定的，那就是做墙头草是职场大忌。如果让老板在从一而终的忠诚派和随机应变的两面派中选择，他肯定会毫不犹豫地选择忠诚派。一个真正有智慧的老板绝不会亏待对自己忠诚的人，也绝不会信任左右摇摆的人。失去了老板的信任，再聪明的职员也不会受到欢迎。

曾有人对世界500强企业中的部分总裁做过一个调查，当问及"您认为员工最应该具备什么品质"时，这些巨头毫不犹豫地选择了"忠诚"二字。忠诚是人类的美德，也是职场人应该具备的素养。一个具有忠诚心的人，对老板、对企业都会兢兢业业、尽心尽责。任何时候，忠诚都是企业和老板最需要的品质，也是企业赖以生存和发展的根本。对于职场人来说，忠诚是获得老板信赖的首要条件。只有获得了老板的信赖，你才有机会施展自己的才华。

 金牌助理手札

1. 助理要主动体恤老板的处境，分担他的难处，这样做表面上吃点亏，其实却是占了大便宜。

2. 对助理来说，不存在"不怕不站队，就怕站错队"的问题。助理要站的队只有一个，那就是自己的直接老板。

职场金牌定律第二十八条：

卡耐基曾说：「专业知识在一个人成功中的作用只占15%，其余的85%则取决于人际关系。」也就是说，一个人的成功在很大程度上取决于人际关系。事实上，无论哪种行业、哪类公司，资深助理都是非常高级的职位，他们有时候就是老板的代言人，在老板不方便出面或者不在时有处理事务的权力。一个成功的助理必然是一个成功的人际关系学家，因为他要做的就是为老板打理人脉。

管理老板的人脉

➔ 人脉对老板来说至关重要

现在，越来越多的人开始认识到人脉资源的重要性。为了积攒这一重要的社交资产，很多企业家不惜花费重金去就读商学院。对于这些企业家而言，学位虽然重要，但更重要的是为了拓展人脉，扩大自己的社交圈，从而整合资源，为自己的事业发展铺平道路。

SD公司曾想投资房地产项目，但后期做调研的过程中发现产权所有方对我方隐瞒太多，让这个项目最终流产，而这个项目就是社长在北大商学院的同班同学陈总介绍的。商学院的这些人，多多少少都有自己的事业，所以联络感情也是必须要做的事情。每当他们班级里组织活动的时候，我都会在公车的后备箱里多放点公司的化妆品和宣传册，等到聚会结束时送给这些人，一是为了尽礼仪之道，二是可以趁机宣传一下我们的产品。像这种为了互相寻求合作、整合资源而建立的人脉关系，就得用利益来维护。

有人说，人脉关系决定着企业的命运。这句话听起来虽然夸张，但事实确实如此。当企业遇到困境的时候，如果有人施以援手，就等于多了一条出路。之前我们遇到负面报道，也是因为平时的媒体关系维护到位，出现问题马上进行了沟通，才及时撤下了负面报道，否则各大媒体全面曝光，想想都后怕。

正因为人脉如此重要，对于助理来说，维护好老板的人脉关系也便是头一等的大事了。

➔ 名片就像人脉资源的存折

初次见面时，我们最常做的一件事就是交换名片。每次跟着社长出席商务活动，我总是能收集到很多名片，这些名片我都会仔细收好，同时努力记住眼前人的面孔，等下次见面的时候对号入座，最好能准确叫出他们的名字和职务，这样才能给对方留下深刻的印象。

对于社长平日里常联系的那些人，我都会把他们的联系方

204

式、兴趣爱好、生日、地址等信息输入到电脑里并分类保存，有空的时候就调出来查看，临近生日时我还会备上一份礼物。对于那些不常联系的人，或者仅有一面之缘的人，我也会单独做一个文件保存，以备不时之需。

有人对名片不重视，接过对方递出的名片时只看一眼，然后就塞进口袋里，再也不闻不问，这种做法往往会让人后悔一辈子。名片是建立人脉的第一个渠道，收集的名片就像是人脉资源的存折，你不知道什么时候就能从储蓄库里调用一笔呢。

➔ 避免功利性的日常联络

保存人脉资料是积攒人脉的第一步，日常维护则是第二步，而这也是真正重要的事情。罗马不是一日建成的，人脉关系也非一朝一夕就能建立起来的。想要维护好人脉，就必须长年累月用心经营。如果平日里对这层关系毫不在乎，等有需要时候才想起来，一切就都已经晚了。正所谓"无事不登三宝殿"，这种过于功利的"联系"让很多人不喜欢。

与功利性的联络相比，人性化的联络就比较得人心，也更容易让对方放下防备心理。比如逢年过节、对方的生日、公司庆典，又或是某种纪念日，给予对方真诚而温馨的祝福，或者送上一份代表心意的小礼物，就会让对方感到温暖，同时也让人际关系变得稳固起来。由于社长没有时间亲自维护这些人脉资料，所以平时都是由我替他管理。除了逢年过节时以公司和社长的名义给他们送祝福和礼物，平日里我还不忘以自己个人的名义对这些重要的资源进行细心维护。比如，遇上寒冷的天气，我会发短信提醒他们添衣保暖；进入秋季，则会提醒他们多补充水分；等等。

所谓人性化的联络，就是掌握尽可能多的生活常识，对人热情而有指导性，如从营养、运动、美食、衣着、旅行、教育等方面入手，使用这些知识与人交往，为他人提供一些有价值的建议。

➡ 投其所好，事半功倍

了解人脉对象的具体情况，投其所好，是一种简单易行的维护人脉技巧。对方的性格、家庭状况、教育背景、生活习惯、工作习惯、喜欢的食物、喜欢的运动等，越细越好，然后针对对方的具体需求，想方设法予以满足。

社长在中国结识了很多韩国同乡，有些是吃喝玩乐的伙伴，有些是谈心交心的朋友，还有些是事业上有合作者。在这些人中，我最熟悉的就要算韩永泰社长了。韩永泰社长经营着一家广告公司，我们公司很多平面广告都是由他们公司设计的，我非常敬佩他对工作的专业精神。有时候，因为广告业务方面的沟通，我会经常与韩社长接触，但不可能每次都只谈工作，对于那些工作以外的内容，可着实让我感到头疼。有一次吃饭时，我无意间了解到韩社长喜欢喝红酒，为了能找到共同话题，我特意跑到书店买了很多关于红酒的书籍，回家仔细研究，之后再见到韩社长，很自然地就谈到关于红酒的话题，韩社长果然变得滔滔不绝，有说不完的话。

随着和韩社长的关系越来越紧密，他经常邀请我去参加一些他们举办的大型活动，我也借此结交了很多媒体朋友，让我在以后的工作中受益匪浅。

在一次化妆品行业协会的活动中，我们认识了该协会的副主任。这位副主任是一名中年男子，看他精神抖擞的样子就知道平时一定热衷于运动。在聊天时，他果然谈到了喜欢登山，说有机会一定约大家一起去登山。协会活动过后没多久，我就帮着社长约了这位副主任去爬山，还特意为他准备一件新登山服，副主任收到后欢喜不已，说自己正打算买一件，因为身上那件已经穿了很久。通过几次登山活动，社长与这位副主任的关系变得越来越好，这对我们企业来讲无疑是一件好事。

就这样，所有认识社长的人都知道了，他身边有一位体贴入微的助理——朴美玉。我的一举一动大家都看在眼里，所以很多社长的朋友或合作伙伴会当着社长的面开玩笑，说："朴小姐，如果你们社长让你受委屈了，就来我们公司给我当助理吧，我们公司的大门可永远为你敞开啊！"每当这时我都会一笑而过，内心却情不自禁地高兴。把工作做得出色，不仅是为了老板和公司，同时也是为了自己。

我想，之所以自己能够被大家认可，是因为我做到了对于凡是与社长有关联的人，都会认真思考如何与其相处、如何维护彼此关系。这里面就包括了社长的亲人、朋友、合作伙伴、公司员工等。

老板的逻辑就是重视人脉，而一名合格的助理，就是要帮助老板进行人脉管理。把老板的人脉关系维护好，不仅是在成就老板，其实也是在成就自己。用老板的资源为自己铺路，那才是真正聪明的选择。

➡ 维护与公司员工的关系也是人脉管理的一部分

人们常说："水能载舟，亦能覆舟。"在一个企业里，老板是舟，员工则是水。如果没有众多员工的倾力付出，老板的工作就无法进行，企业也无法生存。因此，老板的人脉管理不仅仅是针对公司以外的人，还应该包括公司内部的员工。如何留住人心，就成为管理者要面对的一个重要课题。所以，对于助理来说，就必须能主动替老板安排好与员工之间的关系维护。

每隔两个月，我就会主动替社长安排与中层老板一起聚餐、唱歌。一方面是作为鼓励，肯定大家的工作；另一方面是为了联络感情。几杯酒下肚，大家纷纷卸下防备，气氛也变得轻松起来，社长更容易倾听到下属们的心声，是一个上下级沟通的绝好机会。另外，在我们公司里，每逢员工生日，公司都会派发贺卡和生日礼券。对于社长特别重视的员工，有时候我还会主动替他备上一份礼物送出去。别看都是小事情，对于加强老板和员工之间的关系却有很大的帮助。

人是情感动物，联络感情就成为重要的社交内容。对于那些遇到挫折的人，如果没有能力在行动上给予帮助，那么在言语上给予安慰就是最大的关怀。公司市场部小杨的母亲因病去世，得知这个消息后，我代表社长在第一时间前去慰问她。人在脆弱的时候是非常感性的，你的一句暖心话、一个温柔的眼神，都能感动对方，让他感受到彼此间的真挚友情。

➡ 20%的人脉关系需要重点维护

在国际上公认的企业管理定律当中，有一个"马特莱定律"，又称"二八定律"。这一定律认为，在企业中，80%的公司利润来自20%的重要客户，其余20%的利润则来自80%的普通客户。"马特莱定律"无非是想告诉我们，要抓住那些决定公司命运的关键客户。

人在一生当中会遇到很多人，其中有些看似很有"能量"的人，未必能成为你的"贵人"。有些只是爱凑热闹的酒肉朋友，另一些则只是逢场作戏。我们需要有一双"慧眼"来识别哪些才是对自己真正有帮助的人。那些真正能在我们的人生道路上有所益助的人，其实就是那20%的少数派。对于这些值得长期交往的人，就要不惜时间、人力、物力来精心维护。

人脉是一张看不见的网络，有着无比巨大的能量和神奇的力量。人脉是无形资产，谁拥有了人脉，谁就能快速掌握重要信息和更高效的办事渠道，获得宝贵的机会，从而创造更多的财富和获得事业的成功。对于初入职场的人们来说，他们的人脉圈子有限，如果单凭自己的努力想要建立人脉关系十分困难。所以，可以尝试借助老板的肩膀去搭上那层人脉圈。

 金牌助理手札

1. 助理帮助老板管理人脉圈的同时，也是在为自己的形象代言。助理的一举一动不仅代表了老板对该人脉关系的重视，也代表了助理自己的能力。

2. 只要你用心付出，对方就一定能感受得到，所谓"投其所好"并不是虚假的阿谀奉承或逢场作戏，而是用真心去维护这层人脉关系，这样的关系才会更长久。

第五章

CHAPTER FIVE

是什么让小助理成功逆袭

职场金牌定律第二十九条：

在职场中，折磨你的老板往往是对你帮助最大的、让你学到更多的人。折磨是一种压力，更是一种动力。它在你遇到困难、本能地想退缩的时候，推了你一把，让你有机会变得更加优秀。因此，感谢那些折磨你的人吧。

历练：感谢折磨你的老板

➜ "折磨"助人成长

一个人在成长、发展的过程中，总是要经受很多"折磨"。小时候是被老师、父母"折磨"，工作后又要被自己的老板、客户"折磨"。但只有经历过种种折磨后，我们才猛然发现，原来每一次"折磨"都是对我们的一种历练。虽然历练的过程并不美好，但在历练过后，我们将实现蜕变。

其实，在经历了这些"折磨"后，我们会变得更加勇敢、坚强、自信。也许有时候我们会想到放弃，但只要能够坚持下去，迈过那道坎儿，就会得到完全不一样的结果。所以，我们要感谢那些"折磨"我们的人，是他们让我们有机会取得成功。

在SD公司，社长是个非常严苛的人，能从他嘴里听到夸赞，那说明这个人的工作能力一定极强。跟着这样一个完美主义者工作，对我来讲，简直是一种精神和肉体上的双重折磨。刚做助理的时候，我的工作总是无法令社长满意，每天都被骂得狗血淋头，那段日子真是非常艰难。每天面对社长的各种折磨，有时忍不住会想，社长是不是恶魔转世，故意整我。脑子里也曾闪过这样的场景，甩下一句"老娘不伺候你了"，然后愤然离去。可我没有那么做，好不容易争取到助理这个位置，连位子都没有坐热就要离开，我实在是心有不甘。

有道是"强将手下无弱兵"，要想跟着这种老板干下去，只能让自己变得更强、更有实力才行。现在想想，如果没有那段日子里所受的折磨，今天的自己也不能如此得心应手地配合社长完成一项又一项重要工作。

➜ 抱怨—怨恨—理解—感恩

对于老板的折磨，人们都要经历一个"抱怨—怨恨—理解—感恩"的过程。

记得我刚入职的时候，一天社长把我叫到办公室，给了我厚厚的一本产品手册，让我翻译成韩文。按理说，这些产品手册在韩国总部肯定有一套对应的版本，只会比我们这边的产品划分更细致。既然完全可以用总部的产品手册，为什么还要给我布置这么艰巨的任务。

我带着不能理解的心情，十分不情愿地开始工作。这么大的工作量，至少要加班加点一周才能做完。在这一周中，我几乎不舍昼夜地坐在办公桌前工作，最终完成了我有生以来最厚重的一部翻译稿。

工作完成后，我直接把自己丢在床上，抓紧时间补觉，因为第二天还要上班。当我拿着翻译好的产品手册去向社长交工时，社长微笑着问我，现在状态如何。

我有些委屈地说："我现在满脑子都是有关产品成分的词汇，仿佛在眼前飘来飘去。闭上眼睛，梦里就是各种各样的乳液、霜膏在流啊流……"

"哈哈，"听着我的抱怨，社长大笑起来，然后对我说，"这就对了，我就是要让你达到这个状态。"

"这是翻译好的文件，我打印了一份给您。"

"不用了，我不需要这个。"

什么！不需要！那为什么还要逼着我没日没夜地翻译一大堆连中文读起来都费劲的专业术语？我这一周不就成了拿着工资做无用功吗？心中的愤怒开始撞击我的胸腔，随时都有破口而出的可能。

社长看出我的不解，耐心地说："如果我告诉你，朴小姐，作为社长助理，你需要全面系统地了解一下公司的产品体系，如果递给你一撂厚厚的中文资料，你会怎么做呢？我曾经对无数个下属下达过这样的任务，可是最后的效果都不理想。我知道，没有人会无缘无故地看这么多资料，大部分人只是敷衍地一扫而过。实事求是地说，如果我也这样要求你，你会看到什么程度？"

我的怒气瞬间平复了许多，同时在心里问了自己这个问题，而内心里最诚恳的答案就是：我肯定不会细看。我会想自己只是一个助理，又不是搞研发或营销，只要知道公司有哪些产品，能够叫得上名字，分得清套系，就完全可以了。

好吧，我承认，现在我不只分得清产品名称和套系，甚至连产品的上市时间、市场表现、产品特色、定位、营销理念等，都可以如数家珍般地说出来。

在那之后，我曾经无数次协助社长处理部门的工作报告，参加研讨，提供建议……我知道，那时自己对公司产品的熟悉程度甚至超过一些老员工。不得不说，正是厚厚的产品手册为我奠定了坚实的工作基础，让我迅速进入了工作状态，并且很快成为社长的得力助手。

还有一次，社长交代我做一份市场调研报告，我是新闻系出身，一直以为文案工作会是我的优势。我根据市场部提供的数据和自己调研的结果，三两下便轻松完成了社长交代的任务。可是我递交的报告却被社长批得面目全非，我修改了一遍又一遍，在经历了二十多次修改后才勉强过关。当时真是恨得我咬牙切齿，在心里喊了不下一百遍："老娘不干了。"但是，当我最终把第23版报告和第1版报告作对比时，才明白了一个事实：写报告不是写报道。不是主观想表达什么就去表达，而是要去想表达给谁看，对方最想知道什么，你最想告诉他什么，怎样才能通俗易懂地表达出来。从此我明白了，写作不是玩弄文字，而是一种沟通，是一种换位思考的思维模式。

人生就是这样，当你认为做得很好的时候，别人未必认同。你也许认为对方是在鸡蛋里挑骨头，或者是在故意刁难你，但往往在事情过去后才能发现受"折磨"还是值得的。职场中有一套自己的运转法则，如果你也是其中一环，就要遵从这个法则，包括遵从决策者提出的意见或建议，甚至是批评与指责。

人们常说，在工作中要扬长避短，但是也不要让你的"短"制约了你的"长"。我恰恰通过这次打击，重新认识了自己，对那些自认为无所谓的疏忽和错误都一一反思、改进。当我第二次做关于公益活动的方案时，便收到了完全不一样的评价。这就足以证明，那些我们认为是故意刁难的事情，其实只是一种逼迫自己"更上层楼"的动力。

你所经历的所有的"折磨"，都是对自己意志力的磨炼，让你的内心变得足够强大，让你隐藏的潜能得到爆发。当你具有了能够承受他人"折磨"的毅力、气度和心胸时，肯定会在人生中大放异彩。

➥ 珍惜对你严格要求的人

有人说，这个世界上最不缺少的就是评论家。人们总是对自身以外的其他事物充满各种各样的想法，表达各种各样的观点。这是由于人的视野是向外的，对于自身以外的所有事物来讲，我们都是旁观者。俗话说"旁观者清"，因为旁观者总是有更便捷的角度和立场看清事物的特征。

向外的视野注定在自我认识上是有缺陷的。所以，人们总是对自己的了解少之又少。正因为如此，人们才容易对自己放松要求。对大部分人来说，饿了就要吃饭，困了就要睡觉。事情太困难，可以选择不做；工作太累，可以选择辞职。做一个对自己没有要求的人，不需要任何条件和方法，谁都可以做到。

然而人自我实现的欲望却鞭策着我们做自我管理，给自己制订目标——无论是短期目标还是长期目标。而在我们没有这种自我管理的能力时，父母和师长就会充当"管理"的角色：

你一定要吃蔬菜，保证营养均衡、身体健康；

你一定要穿好衣服再出门，免得着凉感冒；

你一定要把这个字写十遍，才能记住；

你一定要读完这本书，然后写出读后感；

……

父母和师长提出的这些要求督促我们健康成长、学业有成。

步入职场之后，充当这个角色的人就成了老板和客户。无论他们的目的是什么，对你来说都具有同样的效果，那就是让你更加完美、更能胜任自己的工作。

职场上流行这样一句话：如果别人对你有要求，就说明你还有价值。如果别人对你没有要求，就说明你已经被放弃，淘汰出局了。

没有人是完美的，当你的老板对你提出各种各样的要求时，很多时候是一种培养人才的过程和手段。他们对你寄予厚望，这种厚望有时连你自己都不敢奢求，但他们看到了你的潜能，对你提出了苛刻甚至不近人情的要求。因为他们知道，逼你一把，或许你就能突破自己，变得更加优秀。

所以，珍惜对你严格要求的人，因为他们肯给你犯错的机会，肯为你指明努力的方向，并耐心地参与你的职场人生。他们是你事业上的贵人。

 金牌助理手札

1. 每一个在职场工作的人都饱受折磨，但折磨恰恰也是机会。

2. 你可以对老板的折磨表现出各种抱怨与委屈，但谨记一点，一定不要放弃。

3. 对你严格要求的老板必定有着更为长远的用人规划，努力去匹配他的要求，争取未来的机会。

职场金牌定律第三十条：

在职场生存，如履薄冰是常态，养尊处优是病态。只有整日「压力山大」，小心应对各种职场的生存法则，才是真正的「战士」。如果只是整日拖拉怠慢、抱怨连连，那么距离变为「炮灰」的日子就不远了。

把压力化为学习的动力

➜ 就是要有压力

　　"压力"，已经成为职场中员工抱怨最多的一个词。有数据显示，现代人的压力是20年前人的5倍。有人说职场是高压锅，处处存在压力。身在职场的我们也可以明显感到工作压力越来越大，生活节奏越来越快，每天的工作总是做不完，加班成了家常便饭，肩上的责任越来越重大，失眠、焦躁、忧虑、抑郁、愤怒接踵而来。有的人甚至对工作产生了恐惧，每天上班成了一种严重的心理负担，起床之前总是要做一番挣扎，痛苦不堪。长此以往，不但会牺牲身体健康，心理健康也迟早会出问题。所以，如

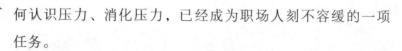

何认识压力、消化压力，已经成为职场人刻不容缓的一项任务。

压力究竟是从何而来呢？哥伦比亚大学商学院管理系的研究员阿利娅·克拉姆研究的一个心理课题，就是人们的态度如何改变他们对压力的反应。她说，"压力是个矛盾的东西。一方面，它可能会对我们造成很深的伤害。另一方面，它对身心的成长又是必要的。我们的信念系统是一面透镜，透过它我们可以选择如何看待和处理压力，它可以改变结果。"

的确，压力就是一把双刃剑。它有积极的一面，也有消极的一面，至于发挥哪一面的作用，主要看承受压力的人本身的态度。如果能够用积极乐观的心态面对压力，那么它将会把你推向成功。相反，如果一味恐惧压力、躲避压力，那么压力只能成为你职场发展道路上的障碍物。

一位职场前辈曾经犀利地告诫我："忙，就对了，说明你能做的事很多，职位也很安全。闲可就危险了，那说明这个公司或部门没什么需要你做的，哪个企业都不会长时间地养闲人。所以，不要因为压力大，就叫苦退缩。欲戴王冠，必承其重嘛，想要有出息，就得扛得住压力才行。"

前辈的一番话说得我无言以对，只好回去乖乖地做好助理，埋头苦干。结果证明，如果没有入职时的超负荷工作，老板也不会知道你的潜力还有多大，不会给你越来越多证明自己的机会，我就不会在不知不觉中获得更多的能力。在这个压力体系下，每个人都会觉得自己像推车上坡的人，虽然当时只想着不要让车滑下去，可是当你登上山顶时，就会发现自己有了不一样的收获。

→ 压力是学习的警钟

作为社长助理，我每天需要面对的是一个掌管着大企业的领袖人物，他的思维、他的节奏、他的要求，都非常人能比，要跟上他的节奏，助理就必须时刻全力以赴。每当家人看我因为工作情绪低落、愁眉不展时，都会劝我辞职。但是，我觉得如果自己因为扛不住这些压力而逃避，那么将来做任何事情都会产生同样的想法，只要有一点压力就接受不了，选择放弃或逃避，那么在哪儿工作都不会长久。逃避不是解决问题的办法，也不是一个有上进心的年轻人该具有的态度。况且，我听很多职场前辈说过，如果能在韩企工作3年以上，再去任何企业身价都要翻倍，因为在韩企这种高压环境下长期工作的人做事有规矩、效率高、抗压能力强，各方面发展比较均衡。

自从SD公司进入中国以后，一直为开拓中国市场忙得焦头烂额。后来公司慢慢稳定下来，不断赢利，便尝试着为社会做些贡献。韩国企业非常重视"还原社会"这个概念，很多著名的企业内部就设有专门的部门（CSR部门），专门从事社会公益活动的组织，这也是维护企业形象的手段之一。社长只是有个做公益活动的想法，具体做什么事、该怎么去做完全没有明确的框架。于是社长想到了我，想让我牵个头，去想想以后企业在回馈社会方面如何开展工作，最好做个方案出来，听听大家的意见。可是，我没有做公益活动的经验，甚至平时忙于工作，根本没有关注过这方面的信息。对我来说，这简直就是一个从零开始的大挑战。但是我又无法拒绝社长的指示，因为韩国老板最讨厌听到的就是"不"。

其实，我也意识到，对我来说，这次策划案又是一个难得的机会。此时，我已经开始逐渐独立承担项目，虽然职务上还是社长助理，但在很多项目中是重要参与者，地位正悄悄地发生着变化，在这个时候如果推掉社长交给我的项目，无疑是在为自己泄气。

我硬着头皮接下这项任务，一股莫名的焦虑感向我袭来。在没有参与这份工作以前，我一直认为慈善公益无非就是捐钱，找个需要钱的机构捐款就行了。待我真正接受这份工作，才发现事情远非我想的那么简单。尤其是在我国，各种民间公益组织的管理还没有规范到一定程度，做公益其实是一件非常烦琐的事情。如果做得好，不但无法形成品牌效应，甚至还有可能砸了公司的招牌。想到这里，我变得更加焦虑不安。

我收集了各种意见及资料，又奋战了好几个通宵，终于把方案做好了，怀着如释重负的心情在各位高层面前做了报告。结果，我的方案被批得体无完肤。

我被大家一个接一个的问题问得瞠目结舌。由于对相关法律法规不太了解，每被问及，都要翻资料查找。对于方向的选择、款项的调拨和后期的监管，甚至跟进的品牌宣传等事宜，都没有全方位的管控。于是，大大小小的问题扑面而来。

会还没有开完，我就已经冷场在那里，最终一位同事提议暂停会议，待方案完善后再做讨论。散会后，我一个人留在办公室里，投影仪的蓝光照在我的脸上，挫败感和耻辱感充斥着我的脑海，我跑到卫生间大哭了一场，那一刻，我觉得自己明天肯定不会出现在这家公司了，绝不！但哭完，洗把脸，又回去继续修改方案。

我将众人提出的问题逐个理清，把答案烂熟于胸，为了彻底洗脱"耻辱"，把功课做得格外用心，甚至设想了诸多可能，预备了各种回应。结果，方案汇报十分成功。

我事后总结，之前的压力完全是自身对事物的不熟悉、不确定，以及对目标的达成感到力不从心所致。解决这种压力的最好方式，就是去了解、掌握相关知识，设法提升自身的不足。通过自学、参加培训等途径，一旦"会了""熟了""清楚了"，压力自然就会消失。可见，压力并不是一件可怕的事情，逃避之所以不能舒缓压力，是因为本身的能力并未得到提升，使得既有的压力依旧存在，强度也未减弱。压力不一定就是一种让人心力交瘁、健康衰竭的负能量，只要懂得如何将压力转化成动力，不断提高自身的能力，压力便可成为促使你成功的正能量。

➤ 职场的鲇鱼法则

在职场中，有一个著名的"鲇鱼法则"。据说西班牙人非常爱吃沙丁鱼，但是沙丁鱼离开海水环境后很容易死亡，聪明的渔夫为此想到了一个办法，就是在运送沙丁鱼的容器里放入它的天敌——鲇鱼。因为鲇鱼是食肉动物，放进容器后就开始四处寻找食物。沙丁鱼为了避免被鲇鱼吞食，就会拼命游动。这种大幅度地游动给沙丁鱼带来了旺盛的生命力，等运到港口后死亡率非常小。人们为享用到新鲜的沙丁鱼，愿意支付更高的费用，渔夫也能赚到更多的钱。

鲇鱼法则给我们的启示是：只有有压力的环境才能成就事业。因为压力能催人奋进，激发人们对工作的热情，使人们不断进取，提升自身的能力和价值。适当的压力和欲望能够让你精力充沛，心思专注，而且充满斗志。

很多作家和艺术家最好的作品也是诞生于思维枯竭、心情低落的时候。因为他们总想寻求变化，想做得更好，所以压力也就随之产生，正是这些压力激发了他们的创造力和灵感。所以，不要总是把压力看得太过沉重，换个角度看问题，压力就成了前进的动力。

我们知道，鲨鱼是海洋中的霸主，但鲨鱼是如何成为霸主的呢？与其他鱼类相比，鲨鱼少了鱼鳔。鱼鳔对于鱼类来说就是维持运动的浮力系统。当鱼想上浮时，它就将鱼鳔充满气体；当鱼想下潜时，它就放出鱼鳔中的气体使其变小。这样，鱼就靠鱼鳔来进行上浮和下潜，极为灵活。而造物主却跟鲨鱼开了个玩笑，给了它庞大的躯体，却没有给它安装鱼鳔。没有鱼鳔的鲨鱼只能靠不停地游动才能保证身体不至沉入水底。因而，不停地游动就成了鲨鱼的生存状态，一旦停止游动，鲨鱼就会沉入海底，并因水压过大而丧命。亿万年来，鲨鱼没有停止过抗争，依靠着永不停息的游动，使自己不断进化，最终成了海洋中的霸主。可以说，鲨鱼的本事是被压力逼出来的，压力成了鲨鱼用之不竭的动力。

我们在职场中就应该具备鲨鱼精神，不停地游、拼命地游，让自己的生命力变得更加顽强。压力只是我们通往成功道路上的旅伴，不要拒绝它，更不要逃避它，好好运用压力，让它成为你成功的动力源泉。

金牌助理手札

- -

1. 将压力转化成动力，是职场永恒的生存之道。没有压力的职场是没有前途可言的。

2. 压力是学习的警钟，重压之下的学习反而高效。

3. 不管是助理还是其他职务，提升自身能力就如同铺路的机器，总有一天会把你送上成功的舞台。

职场金牌定律第三十一条：

在什么样的圈子，就会受到什么样的感染与熏陶。和勤奋的人在一起，你就不会懒惰；和积极的人在一起，你就不会消沉；与智者同行，必然不同凡响；与高人为伍，必能登上巅峰。助理天生就有与智者同行、与高人为伍的优势，好好利用这一优势，将它作为通往成功的垫脚石。

人脉：只有助理能够分享的优质资源

→ 跟成功人士做朋友

很多人脉课告诉我们："如果想成为狮子，就待在狮群里；如果想成功，就跟成功人士做朋友。"俗话讲：物以类聚，人以群分。和什么样的人在一起，决定着你会过怎样的人生。因为不同的圈子，大家关心的事情、谈论的话题都是不一样的。

有人总结说：普通人的圈子，谈论的是闲事，赚的是工资，想的是明天。生意人的圈子，谈论的是项目，赚的是利润，想的是下一年。事业人的圈子，谈论的是机遇，赚的是财富，想的是未来和保障。

有共同话题和价值取向的人自然会互相吸引，但助理的工作却能帮普通人打破这个自然吸引法则，打开一条特别的通道。也许，开始时你只是站在圈子的边缘，但经过每日的耳濡目染、点滴接触，就会渐渐向圈子的核心靠近。

助理这个岗位就是这样一个神奇的平台，与老板靠得最近，有着得天独厚的优势。这也是只有助理才能享受到的优质资源。

→ **人脉永远都是再生资源**

我在SD公司任社长助理期间，自认为收获的最大财富便是人脉。通过社长以及工作需要，我能够接触到各个层面的人物，从他们身上获取不同的信息，学习不同的工作方法和处世之道。

对于任何一种生产型的企业来说，最重要的是不停研发新产品。一直以来，SD公司的产品都定位为中等偏上，受众群体较为广泛。这次总部新上任的社长有了新的想法，要研发一款明星产品，仔细观察护肤品市场，稍微高端一点的品牌都有自己的明星产品，比如雅诗兰黛的小棕瓶，倩碧的黄油等。明星产品的推出更容易达到品牌推广的效果。所以，这次不仅仅是研发部，市场部、销售部、公关部等业务部门都要参与其中，并限时三周提交一份新品的企划案。恰好又到了年底人事考核阶段，这份新品企划案的成绩会直接影响到考核成绩，这将决定明年的加薪、晋升等问题，所以大家肯定都会全力以赴。

　　我知道大家最近都在研究明星产品的事情，虽然这并不属于我的直接工作，但也要参与会议，至少要有些自己的想法才能更深入地参加讨论，于是也在脑海中不断地进行设想。

　　这天中午，我约了行政部的主管李莉一起吃饭，她刚生完宝宝半年，是个超级辣妈。当了妈妈的人果然不一样，十句话中八句不离孩子。她说以前只考虑自己，什么都是给自己买最好的；现在有了宝宝，一切以宝宝为中心，吃的、穿的、用的都必须是纯天然的，即使价格高一些也心甘情愿。

　　她的话突然让我眼前一亮。"纯天然"，这个概念大有可为。如今，人们的生活条件越来越好，也越来越崇尚健康。能与肌肤直接接触的护肤品当然也是越天然越好。

　　这个想法隐隐约约地在我的脑子里打转，但具体怎么操作却完全没思路。晚上，社长约了郑社长一起吃饭，让我也陪同。趁社长出去接电话的工夫，我主动和郑社长聊了起来。我已经有段时间没见到郑社长了，觉得他的皮肤明亮了许多。因为他平时喜欢喝红酒，我就开玩笑地说他的皮肤越来越好，肯定跟喝红酒有关系。他说不是，而是最近用了一款朋友送的面膜，效果非常好。这款面膜是他的一个朋友去济州岛旅行时发现的，是当地一家私人作坊自制的火山岩面膜，用了几次后皮肤明显光亮了许多。在韩国，男人很注重外表，皮肤管理当然也不能忽略，平时除了使用基础护肤品外偶尔也做面膜。这在他们看来是一件非常正常的事。

我听闻这款火山岩面膜是纯天然的，就赶紧追问是否能找到这家作坊的联系方式。郑社长问我到底是什么事，考虑到公司要推明星产品的事还未成形，还属于商业机密，不好对外公布，我便敷衍着说是自己想用，下次去济州岛的时候顺便去看看。

女孩子爱美是很正常的事情，郑社长便很痛快地给那位朋友打了电话，要了那家作坊的联系方式。为了方便我查找，郑社长还热心地把这位去过此地的朋友也介绍给我，让我可以找这位朋友咨询。这正合我意，我暗自欣喜地拿着联系方式，第二天便迫不及待地联系了这位朋友。那是一位姐姐，女孩子之间聊到美容的话题，真是一点也不需要过渡。从她那里，我了解到这家作坊目前的经营状况，以及老板的情况。姐姐似乎是他家的老顾客，了解的信息还真是不少，给了我不少有用的情报。

→ 人脉即人情，是无法衡量的财富

我直接打电话到作坊，跟老板谈起了合作意向。谁知我话都还没有说完，对方就一口回绝了。

就这样，我的"拿着结果去公司会议上报告"的愿望泡汤了。可是，就这么放弃实在太可惜了，纯天然理念和这家作坊的工艺结合，再加上公司的品牌包装、宣传，肯定会是一款不错的新品。

这不是一件小事，仅靠电话是不可能达成合作的。而且，仅

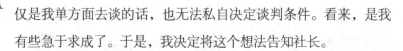

仅是我单方面去谈的话，也无法私自决定谈判条件。看来，是我有些急于求成了。于是，我决定将这个想法告知社长。

经我了解，济州岛的汉拿山是座活火山，大约在120万年前火山爆发的时候形成了一种原始成分的火山岩泥，火山岩泥不同于黄土和海底泥，具有大量的微细孔多孔结构，能够使皮肤达到清洁保湿的功效。并且济州岛的火山岩泥带有负离子，能够与带有正离子的肌肤深层角质污垢综合，达到深层清洁的效果。起初，作坊主人只是为了他的夫人专门制作了这款面膜，他的夫人皮肤容易过敏，无法使用其他化妆品，而这款纯天然的面膜却能使夫人的脸色越来越好。之后，夫妇二人开了一个小作坊，专门制作这种具有当地特色的面膜，卖给在济州岛观光的游客。

如果从这款产品中提炼出一个纯天然火山岩泥的洁肤理念，用来做我们明星产品的研发，不知效果如何？

我将自己的想法向社长做了汇报，社长听后半天没有说话。他想了一会儿，然后对我说："你去订机票，这个周末先去趟济州岛，实地考察一下。你的第一个电话太过轻率，这种事不实地考察、登门拜望，是不可能实现合作的。"

我的到访并没有让作坊老板太过惊讶，相反，他对我眉飞色舞的描述毫无兴趣，最后一点不留情面地拒绝了我。这一次我已做足了思想准备，知道这次谈判不会一帆风顺。第一天被拒绝后，我便像游客一样在他的小店里徘徊，老板也当我是个闲散游客一样视而不见，但我知道他其实一直在注意着我。

　　第二天，我碰到了他的女儿，因为假期在店里帮忙。我看出他们的关系后，便跟小姑娘搭讪，得知我是从中国来的，她便不断向我打听北京某大学的情况，我问她为何对这所大学如此感兴趣，她说想到中国留学。我立刻表示支持，并告诉她："如果到中国，我会做你的中国朋友，照顾你在异国他乡的生活。"女孩听后非常高兴，拉着我见了她的妈妈，并留下我在她家吃晚饭。

　　见我和女孩很是投缘，她的妈妈对我也热情了许多，只有作坊老板仍然一副戒心重重的样子。

　　按照社长的指示，这次我没有急于求成，而是适时结束了第一天的拜访。随后我直接去了韩国首尔总部，而社长也从国内来到这里。我们会合后，直接向总部汇报了这个产品设想，其间我还与韩国总部的社长、企划室长共同讨论了这套产品的开发，大家对我的工作表现给予了肯定，社长拍着我的肩膀说："干得不错。"

　　果然，韩国总部派出以社长和我为主的谈判小组，再次拜访了作坊老板，前期还是由我先去接洽。我直接找到作坊老板的夫人，说明了我们的想法，并请她一起劝说老板。夫人见我与她女儿聊得来，又希望女儿到中国后能够得到照顾，便答应帮忙。

　　老板真是位固执的先生，他说之前也有企业来找过他，提出购买他的配方，但是对后续的生产却没有长远的计划和保障，因此觉得对方只是想谋一时之利，并没有将此配方发扬推广的打算，便都拒绝了。从此，他便对上门洽谈的商家产生了一种抵触情绪。

但经过我们多次拜访，总部的代表又展示了专业的聘书和合作方案，让老板看到了我们的诚意，终于同意坐下来共同商讨。

产品研发非一朝一夕之事，而是一个庞大的系统工程，原料配方和产品理念只是初步环节。但这件事对于公司却意义重大，各部门绞尽脑汁要做的方案，被我这个助理一次无心的聊天找到了突破口。若不是郑社长的提醒，以及那位朋友的帮助，我也不会顺利找到作坊老板。若不是这个提案，我也不会有机会和韩国总部的高管坐在一起开会讨论，让他们记住在中国支社有这样一位员工。若不是作坊老板夫人想着为女儿结识一个中国朋友，也不会为促成我与作坊老板的谈判而努力……

人脉是张神奇的网，我们在无数个平凡的日子里编织着它，说不定哪一天，它就能为我们带来机遇与惊喜。

金牌助理手札

1. 一旦成为老板的助理，你就已经站在了精英人脉圈的边缘，所谓近水楼台先得月，这便是助理最大的优势。

2. 人脉不是一根短绳，而是一张无限扩张的网，它应该有广度和宽度，这样才能带来无限机遇和无尽可能。

3. 好人脉需要好人品，做好助理工作，逐渐便能用好人脉。

职场金牌定律第三十二条：

成功者之所以成功，是因为他们有与众不同之处，且这种与众不同必是长处。正所谓「择其善者而从之」，每一位老板都有值得助理学习的地方。通过日积月累的耐心学习，总有一天助理也能破茧成蝶。

模仿：每一个老板都有值得学习的地方

→ 没有人能随随便便成功

在工作中，我们的工作总是被老板否定，我们的提议总是被贬得一无是处，我们的工作总是堆积如山……每当此时，我们总会在心里怨恨着自己的老板，抱怨他没有人情味、能力有限、没有慧眼。我们的种种抱怨，其实只是为了宣泄一下自己心中的压力和委屈。

但是这些抱怨有时真的会让我们自己变得麻木，真的认为老板一无是处。不得不说，这样的工作状态，首先不可能把工作做好，其次自己永远也不会有提升。可以说，一味地抱怨于事无补。

　　每当抱怨老板的时候，你应该思考一下这句话：没有人能随随便便成功。

　　越是那些学历低、背景差、脾气暴躁，在我们眼中一无是处的老板，他的成功创业史就越是传奇，因为在他身上一定存在着某些过人之处。起点越低，证明他付出的努力越大，他们用多年历练试出了成功之道，这便足够解释老板之所以成为老板的原因了。

　　有这样一则故事：几个年轻的白领在一家餐厅吃饭，他们点了丰盛的菜肴美酒，一边推杯换盏，一边高谈阔论，甚至勾勒出自己如何创业当老板的蓝图。

　　这时，他们看到旁边的桌位上有一位客人，独自吃着一碗面条——一碗5元钱的面条，甚至舍不得点菜，而几位白领桌子上的菜肴至少要500元。他们轻蔑地瞥了那位客人一眼，继续自己的高谈阔论，甚至有意把声音放得更大，以显示自己和旁边那位的不同。

　　旁边的人吃的很快，十分钟不到，一碗面就已吃完，他从容不迫地走到前台结账，然后走出餐厅的玻璃门。透过玻璃门，白领们看到他上了一辆宝马车，那是一辆宝马7系的座驾。

　　几个白领瞬间安静下来，或许他们已经明白，为什么有些人成为了老板，而自己却一直在这里高谈阔论。

　　老板之所以成为老板，因为他们懂得自己不需要为了面子而浪费金钱，更不需要把时间浪费在夸夸其谈上面。老板们是在创造财富，而非享受和浪费；老板的时间是用来制订并执行计划，而非用来空谈。

→ **老板不需要完美，只需要影响力**

乔布斯缔造了苹果神话，世人对他的个人崇拜也达到了顶点。但是，在苹果公司员工的眼中，乔布斯却是一个地地道道的双面形象。一方面，他被称为"独裁者"、"来自地狱的老板"；另一方面，他又是所有员工心目中神一样的存在。他们咒骂着他，却也崇拜着他，信服着他，追随着他，甚至毫不质疑地拿他的标准来要求自己。所以，乔布斯不仅是苹果的管理者，更是苹果的精神领袖。

经营一家引领世界潮流的公司，需要快速而准确的决断，及时而高效的执行，这是CEO必须具备的能力。乔布斯总是亲力亲为，为公司做出每一个重大决策，就连一些看似不太重要的事情，他也要插手。苹果公司的咖啡区从来不放甜甜圈，因为乔布斯不喜欢甜食。在公司里，没有人愿意和乔布斯同乘一部电梯，员工看到他走向电梯就要躲得远远的。因为之前有些员工在电梯里跟乔布斯说话时让他感到不悦，就被炒了鱿鱼。他对团队的要求之高也让人瞠目结舌。他曾说过："我的工作不是对人表现得和蔼可亲，而是将手下的精英召集起来，然后督促他们，让他们做得好上加好"。如果只靠管理者的真诚、体贴、谦虚、放权、在乎员工的感受和用户的需求，这已经超越了一名管理者的职能。这样的独裁者着实令人厌恶、痛恨。但是，"独裁者"又有自己独特的魅力。虽然乔布斯看上去专横、霸道，听不进别人的话，但他的"独裁"并不是只有自己拥护自己，而是有着大量的追随者，在苹果97%的员工是他的"忠实信徒"。更多时候，这要归功于他的"现实扭曲立场"，他总是有着强大的感染力和说服力，让员工坚信自己可以完成"不可能完成的任务"，把员工的潜能激发出来。

乔布斯的存在正好说明了这样一个道理：管理者并不一定要具备一切美好的品质，他可以是不完美的，甚至满是缺陷，但他必须是独一无二的。

每一个企业其实都有这样的人物，他是企业这艘大船的舵手，为企业前行指引方向。他是牧羊人，保证整个团队跟随自己的目标前进。然而，由于他的身份特殊，总是被我们"敌视"，放大他的缺点，却从未好好观察他身上的闪光点。他之所以成为管理我们的"牧羊人"，必然有我们所不具备的优势。

对于聪明的助理来说，老板就是一本"活教材"，时刻研究老板的一言一行，了解管理者的眼界、思考方式，我们的能力才能得到升华，以后的职场晋升之路才会更光明！

→ 助理的每一天都在上管理课

　　虽然我的韩国社长在各方面都很"恶魔"，但是他对工作的敬业精神却总是让我佩服。比如，不管头天晚上与客户应酬到多晚，甚至喝得酩酊大醉，第二天他也依旧会准时上班；他房间里的钟表永远都只是计时器，提醒他哪一时间该做什么；他每天的工作都有行程表，没有计划的事基本不做。开会时，不管下属说得对与错，他总是先倾听后评论。他会在下属面前发脾气施压，但在客户和合作伙伴面前永远喜怒不形于色，谈判时则会提简单的问题，引导对方说话……

　　他的工作方法、思维方式就像一个软件程序，被安装到我的体内，我渐渐开始自动运行，学习他的工作方法与思维方式。

　　有人说，所谓的"学习"，"学"就是学知识，"习"就是养成习惯。对于助理来讲，老板是一个比自己更优秀的人，而且就在身边，是最有条件和机会向其学习的对象。聪明的助理，总是能够在追随老板的过程中，注意他的一言一行，看到他的过人之处，并且不断学习、提升自己。

　　对于助理来说，每一天的日常工作都是一次学习的过程，如同是在上管理学的课程，而老板在工作中的种种情形便是最鲜活的案例。不断向老板学习，你必然会变得更加优秀。

金牌助理手札

1. 助理工作最大的福利，就是与优秀的人在一起，时刻受其熏陶、影响，逐渐培养成功人士的潜质。

2. 老板之所以成为老板，必有其过人之处。聪明的助理懂得发现老板的闪光点，从而提升自己。

3. 对于助理来说，每天都是在上管理课。

平台：这是职场的黄金跳板

➜ 工作和薪水选哪个

初入职场，总是会碰到这样的情况：

有一份工作，公司大，前景好，但是工资低；

另一份工作，公司小，没什么发展，但是工资高。

应该选哪个呢？

通常，过来人会对初入职场的新人说，选择那份对你将来发展有帮助的工作。因为对于初入职场的年轻人来说，薪水不是问题，职位不是问题，工作辛苦也不是问题，问题是能不能学到东西，能不能获得能力上的提升，以及有没有可发展的空间。薪水

与职位都只是暂时的，但能力和发展是永恒的。

那么在诸多岗位中，助理算是一个什么样的平台呢？助理这个职位可谓是集众多功能于一身。助理身为老板的助手，是离老板最近的人，能够直接学到老板的思考能力、老板能力、决断能力、学习能力、沟通能力、组织能力、应变能力、控制能力和大局观等。这些其他员工无法获得的优势，助理却凭着"近水楼台"的位置信手拈来。助理跟在老板身边，无论是经营管理，还是业务能力，都能获得不断提升。所以，助理如果想要转型，可以选择的岗位非常多。销售部、市场部、公关部、人力资源部、行政部都是可以考虑的范围，有些甚至能够晋升为公司的副总，三星社长团47%的人是由助理转型的。

➜ 不要半途而废

在SD公司的前三年里，我为工作付出了很多汗水和泪水，受到过无数次委屈，也一度动摇过坚持下去的决心，但最终我咬牙坚持了下来。因为曾经有个前辈对我说："我见过很多的人，特别是年轻人，他们以公司为跳板，不断地尝试各种职业，不断地在不同的环境中穿梭，以这样的方式来确定自己未来的发展方向。他们把跳槽当成自己职场成功的捷径，在这个公司做上几个月，条件太差就跳到另一家公司，待遇不好又跳到另一家公司，结果却发现自己在频繁跳槽中浪费了青春，不但知识和能力没有长进，工作也一而再再而三地碰壁，然后感叹怀才不遇伯乐难寻，只能羡慕别人拥有好的机遇。其实机遇一直都在你身边，你打了很多井，但每次都是刚要见到水位线就放弃了，所以看似到处都是井，却没有一口好井。"

现在的很多年轻人进入公司，刚刚熟悉自己的岗位，可以独立开展工作，就因为急于提高一点工资而跳槽去新单位，这种做法虽然能够获得短期利益，但是从另外一个方面来讲，却需要熟悉新的办公环境和工作内容，甚至需要花上几个月的时间去适应，从时间成本的角度来讲是非常不利的。这样跳来跳去的人，大部分的时间浪费在适应和学习上，很难让自己的工作做到专业化。

在韩国人的传统观念里，换工作或者改行是一件非常冒险的事情，很多老一辈的人从毕业开始就投身于一家公司，只要公司没有倒闭，自己没被炒鱿鱼，那么就会永远在这家公司工作，直到退休。所以，从最末端的职员一路晋升到部长、副社长等高位的人不在少数。当然，我说这个并不是要求职场新人要一辈子受雇于一家公司，只是提个建议，进入一家公司，接受一份工作，就要吃透自己的工作岗位和业务范畴。这样，即使他日跳槽，也算是有了经验的积累，能将自己提升至一个新的高度。

→ 从助理到管理

来到SD公司工作的第五年，我终于迎来了自己的职场春天。

韩国总部决定召回中国支社的社长，让其接手SD总部旗下另一支社的社长职位。这样一来，我的职务也必然要随之发生变化，新社长上任，我不可能再为新社长担任助理，这几乎是一条讳莫如深的潜规则，因为新社长必须培养自己的亲信。得知社长调回韩国总部的消息后，我在SD公司的未来就成了一个未知数。

这天，社长叫我到他的办公室，我预感到是谈工作的问题，心中忐忑不安。我坐在社长办公室的沙发上，突然感觉陌生起来。出出入入这个房间已经五年了，可以说，我亲手收拾过这里的每个角落，可我还是第一次像客人一样坐在这个沙发上。

"朴小姐，我要回韩国的消息你应该已经知道了吧？"

"是的，我知道。恭喜您！"

"你对自己的工作有什么想法吗？"

"我……"我调整心态笑了笑，说，"我听从公司的安排吧。"最坏的情况也就是被安排到一个无关紧要的岗位，做一份自己完全能够胜任的案头工作。无论如何，我都不至于失业，不过我一直在犹豫是否要选择跳槽，我自己甚至悄悄留心了招聘网站，准别给自己找好后路。

"我想为你提供两种选择，由你自己来做决定选哪个。一、继续做我的助理，跟我一起回总部，但是这个助理职位，相比你现在的工作完全是另一个层次的提升。二、你到公关部门担任部长的职位。这几年，我看你在对外公关方面很有才能，解决危机的能力也超乎我的想象，你在人际关系方面也处理得非常到位，有不少人在我这里夸你能干。我经过考虑后，觉得无论哪一个职位，对你来说都是个不错的选择。你自己有什么想法？"

社长为我准备的两个方案让我非常意外，我已经做好了最坏的打算，但是对于升职——还是高级管理职位，却毫无准备。所以，我一时无法考虑到底应该选择哪一个。

见我没有回答，社长接着说："朴小姐，你是一个优秀的助理，这些年非常感谢你的帮助！"这让我受宠若惊，赶紧起身向社长鞠躬回礼。

"你回去考虑一下，下周给我回复，好吗？"

我告别了社长，心中既激动又兴奋。对我来说，这两个选择都很有吸引力。如果能做公关部部长，我就一下子变身为中国支社的管理人员，是迈进管理层的第一步，也是一个很好的开端。但如果我选择了继续给社长做助理，就必须去适应韩国总部的工作方式，结识新的同事，适应新的环境。这对我来说，无异于一个新的挑战，最终，我决定接受挑战。

如果我还是当初那个能力平庸的小助理，今天也不会得到这么有诱惑力的选择机会。在别人看来，好像是幸运之神降临到了我身上，其实只有我自己知道为此付出了多少汗水和泪水，能够坚持到今天需要多大的勇气和毅力。

助理，是一个很好的平台，让我有机会把自己一点一滴的努力展现在老板面前，把我的进步和努力与老板的工作紧密相连，使他能够在第一时间想到我。也正是助理这个平台，让我能够接

触到更多更权威的工作信息，积累更多的人脉，学习到更多的专业知识和工作能力。总之，助理这个平台给了我一个更大的舞台，以及更多的可能性。如果没有这个平台，我不会在如此短的时间内从基层员工晋升为中高层管理者。说助理是职场的黄金跳板一点也不为过，因为它真的给了你一个起点，只要你愿意向上弹跳，它便能给你很好的支撑。

金牌助理手札

1. 工资是工作回报，知识和能力同样是工作回报，前者是有数的，后者是无价的。

2. 做好助理等于在学习管理，懂得这个道理的人才能利用好这个平台。

3. 敢于面对挑战的人，永远在走上坡路。

职场金牌定律第三十四条：

不管是普通员工的工作能力，还是老板的领导能力，归根到底都是在展现个人魅力。企业用人，可以成就一番事业，也可能断送一个前途。做事先做人，这是亘古不变的真理。

无论做什么，都要从做人开始

➔ 做人是人生必修课

孔子曰："子欲为事，先为人圣。"做事先做人，这是亘古不变的真理。如何做人，不仅体现了一个人的智慧，也体现了一个人的修养。有些人头脑聪慧，做事能力也很强，可一旦人品有问题，在哪个企业都不会有长远发展。

正规企业在聘用员工的时候，一般都会做背景调查，目的是为了验证面试时对方是否诚实。有的人在面试、笔试环节都表现得非常优秀，唯独在背景调查时发现异样。比如，有些人因为夸大或虚假描述了自己在前一家单位的工作经历或待遇问题，从而

被HR无情地从候选人名单上刷掉。

一个人不管多聪明、多能干，背景条件有多好，如果不懂得做人，那么他的职业生涯也不会好到哪里去。做人是人生的必修课，将伴随我们的一生。

→ 摆正自己的位置

有的人觉得自己有地位，有的人觉得自己有钱，于是就处处摆出老板的架子，到处显摆自己的富有，殊不知这样有多么惹人厌烦。

人就是这样，稍有点成绩，就不知道自己是姓甚名谁了。回想当初我刚尝到当助理的甜头时，也曾迷失了自己，一度表现出轻狂的行为举止，还为此受到社长严厉斥责。大家都知道社长助理有一些特殊的"权限"，比如传个话、安排个饭局、收个礼，都要经过我。当时我还年轻，不懂得掌握分寸，见大家对我毕恭毕敬，甚至主动示好，竟然真的飘飘然起来，开始不把高管放在眼里，按照自己的想法为难上报材料的部门……

这样的日子自然不会太久。很快，社长便发现了我的异样，当着某位高管的面警告我，不要私自改动汇报资源，踏实做好助理工作，同时多向其他同事学习。社长的一番敲打迅速打醒了我。

从那以后，即使是对公司的保洁阿姨，我也会主动问好。我是社长的助理，我的工作是辅助公司所有的人与社长沟通。我是为大家服务的，只需要尽到自己的职责，便是个优秀的助理。

摆正了自己的位置后，我突然觉得自己轻松了许多，不用总是去想自己的职务应该与哪一级别的职务持平，是否应该主动向某人打招呼，会不会影响自己的助理形象……那些刚入职场的小女孩的虚荣，现在统统被拿掉了，人也变得坦荡从容了。

时间久了，没有人再向我刻意示好，但每个人都欣赏和支持我的工作，也没有人再偷偷向我打听小道消息，让我私下里向社长传话。没有了这些小动作，大家反而工作得坦然开心，我为自己创造了一个健康的工作氛围。

摆正自己的位置，就要学会低调做人。低调是一种境界、一种风范，更是一种处世哲学。有这样一句俗语："低头的稻穗，昂头的稗子。"越是成熟饱满的稻穗，头垂得越低，只有那些果实空空如也的稗子才会始终把头抬得老高。

在生活和工作当中，我们应该学会保持低姿态，这绝不是懦弱和畏缩的表现，而是一种聪明的处世之道，一种自我保护的方法。高调的人很容易引起别人的妒恨，为自己惹来一身是非，成为别人攻击的靶子。枪打出头鸟，在职场中，有太多虚荣幼稚的人不懂得隐藏锋芒。他们锐气旺盛、锋芒毕露，做事咄咄逼人，不留余地，有十分才能就表现出十二分来，把自己完全暴露在复杂的职场环境中，最终伤痕累累。

➜ 做一个脚踏实地的人

千里之行，始于足下。把双手插在口袋里，呆呆望着山峰的人，永远爬不上山顶。有这样一个故事：

一个非常贫穷的人拾到一枚鸡蛋，于是便浮想联翩，梦想着先借别人的鸡孵出小鸡，然后鸡下蛋，蛋生鸡，用鸡卖钱买母牛，母牛生小牛，卖牛赚钱放高利贷，最后成了巨富。正当此人无限遐想时，鸡蛋却碎了。穷人一下惊醒，才发现只是一场梦。

有梦想是件好事，但是光有梦想不去努力，只幻想着坐享其成，那么这个梦想就会像鸡蛋一样破灭。如今的社会中有太多眼高手低、好高骛远的人，摆在自己面前的机会看不上、抓不住，总想一口吃成个大胖子，很难成就一番事业。

成功商人李嘉诚也是从茶馆的小跑堂开始做起，无论什么工作，他都能做到勤勤恳恳、脚踏实地，所以才会有今天这番成就。我们在羡慕别人成功的时候，不妨也自省一下，从身边的小事做起，尽心尽责地把每一项工作做好。长此以往，必然会有意外的回报。

➜ 做一个不抱怨的人

在我们的工作中，处处能听到抱怨的声音：上司不好，同事不好，公司不好，加班太多，放假太少……总之，老板和公司没有公平地对待自己，社会和他人没有公平地对待自己，自己永远是个受害者。

其实，这种消极的受害者思维既狭隘又偏激。要知道，世界上没有绝对的公平，一味追求绝对的公平只会让自己的心态失衡，变得浮躁不安。职业规划师亚当·斯德尔说，再好的工作也会有400次想辞职的念头。

我曾听到过这样一则故事：

禅师有一个爱抱怨的弟子。一天，禅师将一把盐放入一杯水中让弟子喝，弟子说："咸得发苦。"禅师又把更多的盐放入湖里，让弟子再喝湖水，弟子说：纯净甜美。禅师解释道："生命中的痛苦就如同盐，它的咸淡取决于盛它的容器，你愿做一杯水还是一片湖？"

不抱怨的人就是那片湖水。其实，抱怨是最消耗能量的一件事，很多人都认为自己心里的委屈太多，抱怨出来能让自己舒服一些。可是真正抱怨的人，我们仔细观察一下就会发现，他们并没有因为诸多抱怨而心情舒畅，反而如同火上浇油一般，越是抱怨，情绪越是低落。抱怨不仅不能解决问题，反而使得问题更加扩大化。

我们的语言表达着我们的思想，我们的思想又影响着我们的行动。很多时候，恰恰就是我们的抱怨改变了自己的主观世界。我们原本可以轻松、积极、乐观、上进，却因为抱怨而变得痛

苦、悲观、沉重、无所作为。

抱怨并不能帮助我们改变现状，变得快乐，相反，它只会带给我们更多的负能量。做一个不抱怨的人，自动屏蔽掉这些负能量，用积极乐观的心理暗示去影响我们的行为。永远不要为无所作为找借口，而应去努力为解决问题找方法。这样，我们的工作必然有成果，职场之路也将变得更为平坦宽阔。

金牌助理手札

1. 人品是对一个人所有评价的基石，它不断被各种评价填充，再重新作为下一次评价的起点。

2. 做人是一生的必修课，你生命中的一呼一吸、一言一行、一举一动，都在积累着做人的分数。

3. 做最好的自己，用最积极的心态生活和工作。

后 记

你本来就是后备人选

我经常听到人们抱怨自己时运不济、关系不硬、背景不好。其实，我非常理解有这种想法的人，曾几何时我自己也带着这样的怨气工作和生活，可是几年来的助理生涯却彻底颠覆了我的这种想法。

有时我们会错过一些机会，但这并不是因为机会没选中我们，而是因为我们压根儿就没站在被选中的队伍里。要知道，"天地不仁，以万物为刍狗"，上天对每一个人都是平等的。

当我刚刚开始应聘助理职位时，一直对自己寄予很大期望的父母非常不支持。他们对助理这个概念的认识是模糊的，所以认为我的前途也是模糊的。如果你的职业是做平面设计，那么你的职场前景就非常明确，你可以被升职为设计总监；如果你是一名销售，将来可以做销售经理、营销总监；如果你是一位教师，将来可以做主任、校长。总之，有那么多工作有着明确的方向和可预期的未来，而助理的前景又是什么呢？

这是我父母的真实想法，这多少也影响到了我，让我怀疑起自己的选择。因此，在刚刚进入SD公司时，我并没有对这份工作有过多的期盼。我曾暗自打算，这份工作只不过是个过渡，是为下一份工作打基础而已。

曾经有那么一段时间，我真的认为这份工作不会有"前途"，端茶倒水、复印材料、买咖啡……我的工作就像一个保姆。会有企业需要端茶倒水的管理者吗？需要买咖啡的管理者吗？我的职场前景在哪里？

但是我没有意识到，恰恰是因为端茶倒水这样的工作，才有了与成功人士站在一起的机会。这对于很多人来说，就是"前途"的资本。

与其他职员相比，我有更多的机会将自己的能力或潜力展示给企业中那个最重要的人；我有更多的机会去接收一个企业甚至一个行业更先进更权威的信息；我有更多的机会从这位成功者的身上学习其之所以成功的品质……当我被这些"端茶倒水"的先天优势渐渐改变了的时候，我看到了自己的"前途"。我可以自信地等待任何一个机遇的到来，我已经站在了准备得到机会者的队伍中，我不再是那个旁观者和抱怨者。

　　我开始明白，每一个人都可以成为机遇降临时的后备人选，每一个人都有自己的特点和优势，而助理的优势就是"近水楼台"。

　　助理经受老板的折磨即是历练，助理的压力即是学习动力，助理的往来接待即是人脉，助理的耳濡目染即是提升，助理站在老板身侧的位置即是平台。当助理终于成为老板离不开的人后，便有更大的可能成长为老板工作中的左膀右臂。

　　原来，助理就是那个占尽先天优势的后备管理者，当你为老板承担的工作越多，你就越会成为那个被寄予厚望的人才。

　　做好助理其实就是在学习管理，不要看轻自己任何一项看似简单的工作，不要主动把自己排除在"后备人选"的队伍之外。只有当你争取成为后备人选时，你才有可能成为被选中的那个人。